Mythos Authentizität

Rainer Niermeyer ist Wirtschaftspsychologe und war viele Jahre Partner und Mitglied der Geschäftsleitung bei Kienbaum Management Consultants GmbH. Er ist Autor mehrerer erfolgreicher Managementbücher und arbeitet als Berater, Coach, Führungskräftetrainer und Keynote-Speaker.

Rainer Niermeyer

Mythos Authentizität

Die Kunst, die richtigen Führungsrollen zu spielen

Campus Verlag
Frankfurt / New York

Bibliografische Information der Deutschen Nationalbibliothek:
Die Deutsche Nationalbibliothek verzeichnet diese Publikation in der
Deutschen Nationalbibliografie. Detaillierte bibliografische Daten
sind im Internet unter http://dnb.d-nb.de abrufbar.
ISBN 978-3-593-38653-9

Copyright © 2008 Campus Verlag GmbH, Frankfurt/Main
Umschlaggestaltung: R. M. E, Roland Eschlbeck und Rosemarie Kreuzer
Umschlagmotiv: © Getty Images
Satz: Publikations Atelier, Dreieich
Druck und Bindung: Druck Partner Rübelmann, Hemsbach
Gedruckt auf säurefreiem und chlorfrei gebleichtem Papier.
Printed in Germany

Besuchen Sie uns im Internet: www.campus.de

Die ganze Welt ist Bühne,
Und alle Fraun und Männer bloße Spieler.
Sie treten auf und gehen wieder ab,
Sein Leben lang spielt einer manche Rollen.
Durch sieben Akte hin. Zuerst das Kind,
das in der Wärtrin Armen greint und sprudelt;
Der weinerliche Bube, der mit Bündel
Und glattem Morgenantlitz, wie die Schnecke,
Ungern zur Schule kriecht; dann der Verliebte,
Der wie ein Ofen seufzt, mit Jammerlied
Auf seiner Liebsten Braun; dann der Soldat,
Voll oller Flüch und wie ein Pardel bärtig,
Auf Ehre eifersüchtig, schnell zu Händeln,
Bis in die Mündung der Kanone suchend
Die Seifenblase Ruhm. Und dann der Richter,
In rundem Bauche, mit Kapaun gestopft,
Mit strengem Blick und regelrechtem Bart,
Voll weiser Sprüch und neuester Exempel
Spielt seine Rolle so. Das sechste Alter
Macht den besockten hagern Pantalon,
Brill auf der Nase, Beutel an der Seite;
Die jugendliche Hose, wohl geschont,
`ne Welt zu weit für die verschrumpften Lenden;
Die tiefe Männerstimme, umgewandelt
Zum kindischen Diskante, pfeift und quäkt
In feinem Ton. Der letzte Akt, mit dem
Die seltsam wechselnde Geschichte schließt,
Ist zweite Kindheit, gänzliches Vergessen
Ohn Augen, ohne Zahn, Geschmack und alles.

William Shakespeare (Wie es euch gefällt)

Inhalt

Ein *FAZ*-Artikel und seine Folgen

>»Im Leben geht es nicht darum, sich selbst zu finden. Im
>Leben geht es darum, sich selbst zu erschaffen.«
>*George Bernard Shaw*

Anfang 2007 bat mich die *Frankfurter Allgemeine Zeitung* für die Rubrik »Pro und Contra« um eine Stellungnahme zu der Frage: »Müssen Manager authentisch sein?« Während der Unternehmensberater Peter Fischer die These uneingeschränkt bejahte, lautete meine (Contra-) These: »Erfolg hat, wer die Rolle des Authentischen glaubhaft spielt.« Dieses Statement polarisierte heftig – von abgeklärter oder bedauernder Zustimmung, die Welt sei halt leider so, bis zu vehementer Ablehnung. Die Vorwürfe reichten von »Verantwortungslosigkeit« bis hin zur Unterstellung einer »Aufforderung zur Körperverletzung«. Offensichtlich hatte ich einen sehr wunden Punkt getroffen. Warum diese besondere Sensibilität beim Thema »Authentizität«? Dass sozial erwünschtes und belohntes Rollenkalkül seine Grenzen hat, nämlich dort, wo ein Akteur dauerhaft eine Rolle spielt, die nicht von seiner Persönlichkeit abgedeckt wird, war auch in dem Artikel zu lesen. Doch das ging in der allgemeinen Aufregung fast vollständig unter.

Die Frage der Authentizität berührt Grundsätzliches: Es geht darum, wie wir der Welt gegenübertreten, im beruflichen, aber auch im privaten Kontext. Wie viel von uns selbst geben wir wann preis? Was macht den unantastbaren, »harten« Kern unserer Persönlichkeit aus? Wie begegnen wir den vielfältigen Ansprüchen unserer Umgebung? Wo geht notwendige Anpassung in schalen Opportunismus oder sogar selbstzerstörerische Verbiegung über? En vogue ist es zurzeit, solche Fragen gar nicht erst zu stellen, sondern mit einem einfachen – allzu simplen und daher gefährlichen – Rat aufzuwarten: Sei authentisch! Gib dich, wie du bist!

»Authentizität« gilt in vielen Managementseminaren und auf manchen Führungsetagen inzwischen als das Allheilmittel gegen Frust, Führungsprobleme und stockende Change-Prozesse. Sie wird in Internetforen und Fachzeitschriften als »Erfolgsgarant Nr. 1« gepriesen und zur Quelle diverser Managementqualitäten verklärt: ohne Authentizität keine »Überzeugungskraft«, kein »Charisma«, keine »kreativen Ideen und neuen Perspektiven«, ja nicht einmal die »Nutzung von Synergien in Teams und Unternehmen«. Authentizität hat es damit geschafft, die würdige Nachfolge anderer Managementmythen anzutreten – denken Sie etwa an den *Mythos Motivation*, den Reinhard K. Sprenger vor Jahren entzauberte, oder den inzwischen ebenfalls erschütterten Glauben an die Unschlagbarkeit des »Teams«.

Misstrauen ist also angebracht, bei vermeintlichen Allheilmitteln wie auch gegenüber Mythen. Wer fragt, was »Authentizität« eigentlich ausmache, wird stereotyp mit dem Hinweis auf die »Echtheit« der Person abgespeist. Bei nüchterner Betrachtung müssen da Zweifel aufkommen. »Sei du selbst (und alles Weitere wird sich finden)!« klingt in Zeiten von Lean Management und Shareholder-Value wie ein echter Kamikaze-Ratschlag. Mehr noch: Ungefilterte »Echtheit« in jeder Lebenslage würde selbst im sozialpädagogisch geprägten Kuschelmilieu auf Befremden stoßen. Manch einem mögen da studentische WG-Erlebnisse in den Sinn kommen, wenn (immer) der(selbe) Mitbewohner gerade dann »echt nicht gut drauf war«, wenn es galt, das Problem der defizitären Haushaltskasse zu diskutieren. Und der Arzt oder Managementcoach, der ausgiebig von seiner momentan pressierenden Befindlichkeit berichten würde, bevor er sich dem Patienten oder Klienten zuwendete, wäre zwar authentisch, binnen Kürze aber auch bankrott.

Selbst wenn man den Anspruch der »Echtheit« vorläufig ernst nähme, drängt sich die Frage auf, welche Facette einer komplexen Persönlichkeit denn *die* echte sein soll. Wann ist ein Pfarrer »authentisch« – beim Trösten am Krankenbett, in der kontroversen Diskussion um die notwendige Kirchenrenovierung oder wenn er in der Freizeit kickboxt?

Wann sind es Führungskräfte oder Manager? Als aktive Zuhörer im Mitarbeitergespräch, als engagierte Vermarkter ihrer Dienstleistung in der Kundenpräsentation oder als durchsetzungsstarke Verfechter ihrer Position in der Vorstandssitzung? Oder doch eher als Vater, als Segelkumpan oder Hobbymusiker? Es wäre überraschend, wenn Sie darauf eine rasche Antwort hätten.

Bei nüchterner Betrachtung stellt sich schnell heraus: Die Theatralisierung prägt das gesamte gesellschaftliche Leben, somit auch Wirtschaft und Politik. Der inszenatorische Charakter wird deutlich in Bildwelten und Dramen eines mehr oder weniger gekonnten »Impression Management«, also bewussten, auf eine bestimmte Wirkung angelegten Inszenierungen. Das wird besonders augenfällig, wenn der amerikanische Präsident zum richtigen Zeitpunkt in Pilotenuniform einen Flugzeugträger besucht, prägt aber längst auch unseren eigenen medial gesteuerten Alltag. Ein Ex-Kanzler zog zum richtigen Zeitpunkt die Gummistiefel an und besuchte Flutgebiete, und auch unsere Wirtschaftslenker müssen telegen die Rolle des souveränen Machers verkörpern, wenn sie sich an der Spitze behaupten wollen. Die Theaterwissenschaftlerin Brigitte Biehl bringt es auf den Punkt: Der typische Manager heute »setzt eine krampfhaft selbstsichere Maske auf, um für das Publikum sowohl bestätigend als auch erträglich zu wirken. Sein Spiel ist ohne Tiefgang«. Was wie eine provokante Überspitzung wirkt, lässt sich auch in Zahlen belegen. Ob man einem Vorstandsvorsitzenden »seine Rolle abkauft«, schlägt sich unmittelbar im Aktienkurs nieder.

Die These von der allein selig machenden »Authentizität« simplifiziert also die vielfältigen Herausforderungen in Beruf wie Privatleben in fahrlässiger Weise und fällt hinter sozialpsychologische Ansätze der Fünfzigerjahre zurück. *Wir alle spielen Theater* heißt es schlicht und bündig 1956 bei Erving Goffman, der frühere Überlegungen von George Herbert Mead aufgriff. Unser Auftreten und Handeln ist davon bestimmt, wie wir wirken wollen. Das beginnt schon beim samstäglichen Brötchenholen, wenn Sie statt der ausgebeulten Jogginghose doch lieber die Designerjeans wählen, und führt geradewegs zu taktischen Überlegungen, durch welches Verhalten Sie Ihre Position im Unternehmen stärken und den widerstreitenden Ansprüchen von Vorgesetzten, Kollegen und Mitarbeitern gerecht werden können. Wir alle spielen stets Rollen, wenn auch unbewusst.

Die Botschaft dieses Buches lautet: Nehmen Sie die strategische Herausforderung der Rollenvielfalt bewusst an, statt dem Mythos Authentizität aufzusitzen. Als reflektierender Profischauspieler werden Sie erfolgreicher – und zufriedener – sein denn als dilettierender Laiendarsteller, den ein naiver Kinderglaube an die Überzeugungskraft einer »authentischen« Wirkung auf die Bühne gelockt hat. Dass sich auch die Rollen eines Profis auf Dauer mit seiner Persönlichkeit, seinen Werten und Ansprüchen an sich selbst decken müssen, versteht sich von allein. Auch das mag man »Authentizität« nennen. Das ist dann aber ein anderes, reflektierteres Begriffsverständnis dieses längst zur leeren Hülse verkommenen Modewortes.

Die Herausforderungen, die die Einsicht bereithält, dass Authentizität eben nicht der Schlüssel zu schnellem Erfolg ist, sind mannigfaltig und komplex. Dementsprechend kann das letzte Kapitel nur ein erster, klar definierter Wegweiser sein, sich dem persönlichen Umgang mit dem Rollendschungel zu nähern.

»Körperverletzungen« sind also nicht zu befürchten, wenn Sie sich auf dieses Buch einlassen. Im Gegenteil: Es könnte manchen Leser, manche Leserin möglicherweise vor Blessuren im Businessalltag bewahren, die auf das Konto falsch verstandener Authentizität gehen. Wie schätzen Sie die Rollenerwartungen, die an Sie gestellt werden, adäquat ein? Wie können Sie in einer Welt der »Industrieschauspieler« bestehen, ohne zur bloßen Marionette anderer zu werden? Wie gestalten Sie Ihr Rollenportfolio so, dass Sie die Rollenangebote, die die Gesellschaft für Sie bereithält, auch als Bereicherung erfahren können? Und was können wir alle von den Profidarstellern auf den Bühnen der Wirtschaft, der Politik und der Medien lernen? Einsichtige und unterhaltsame Antworten zu diesen Fragen erwarten Sie auf den nächsten Seiten.

Eine inspirierende Lektüre wünscht Ihnen

Rainer Niermeyer

1

Mythos Authentizität: Sei einfach du selbst!

> »Die Welt urteilt nach dem Scheine.«
> *Johann Wolfgang Goethe (Clavigo)*

Von den seltsamen Blüten des Authentizitätstrends. Von Elvis-Darstellern, die den wirklichen Elvis übertreffen, und dem Kinderglauben an das Echte. Vom Pauschalverdacht der Täuschung beim Rollenspiel und vom Wunsch nach Berechenbarkeit. Von den oberflächlichen Kamikaze-Ratschlägen zeitgenössischer Erfolgstrainer und den tiefen Einsichten der Dichter.

Authentizität: Die Sehnsucht nach dem »Echten«

»Sei einfach du selbst, und alles wird gut!«, lautet die schlichte Botschaft der Authentizitätsprediger. Sie ist allgegenwärtig. Wer den Suchbegriff »authentisch leben« bei Google eingibt, erhält etwa 200 000 Treffer. Das Thema Authentizität hat längst die Blogs und Wolldecken-Seminare erreicht. An nur einem Nachmittag kann man beispielsweise auf »kreative und leichte Weise« mit seinen »aktuellen inneren Aspekten« in Verbindung treten. Das Heilsversprechen: »ein wundervolles Handwerkszeug, welches wir mit nach Hause nehmen, um dort authentische neue Erfahrungen zu machen«. Wem das nicht zusagt, der wählt bei www.authentisch-leben.de vielleicht doch lieber das Seminar »Heilende Hände«. Unter dem Motto »Die eigene Authentizität wahrnehmen und ausdrücken« empfiehlt ein anderer Anbieter, gezielt den Atem einzusetzen, weil der »sichtbar eine Verbindung des Inneren und Äußeren« darstelle. Dem kann man kaum widersprechen, auch wenn Naturwissenschaftler kleinlich einschränken würden, Atem sei erst ab einer bestimmten Außentemperatur sichtbar. Im Angebot auf dem Seminarmarkt außerdem »Authentisch Ziele erreichen«, »Konflikte authentisch leben«, »Manipulation – nein danke! Authentisch leben« oder »Authentic Lifestyle«. Letzterer wird ergänzt durch die Themen »Feuerlaufen«, »Tantra« und »Leben nach dem Tod«.[1]

Bliebe der Authentizitätstrend auf die esoterische Halbwelt beschränkt, könnte man ihn achselzuckend abtun. Doch selbst in Universitätsseminaren heißt es: »Authentisch leben ist ein Schlüssel zur bewussten Selbst- und Lebensführung.« Gewarnt wird ausdrücklich vor einer »Inszenierung des Selbst«.[2] Mit einer Universitätskarriere dürfte es jedoch ganz ohne eine Inszenierung eigener Verdienste und Fähigkeiten schwierig werden. Die Managementwelt erreicht das Thema spätestens über jene Erfolgsgurus, die in den Zeiten leben, als das Wünschen noch geholfen hat. Alfred J. Kremer und Christa Kinshofer behaupten: »Wer im Leben eine Rolle spielt, spielt für das Leben keine Rolle.« Daraus ergibt sich zwingend: »Werden Sie authentisch!« Antony Fedrigotti, ein anderer Handlungsreisender in Sachen Erfolg, versichert uns: »Menschen sind dann am erfolgreichsten, wenn sie ganz sie selbst sind«, denn: »Sie spielen keine fremde Rolle, sondern zeigen sich so, wie sie sind.« Wunderbar. Sollten Sie in der nächsten Zeit ein Auswahlgespräch für eine attraktive Position führen, verzichten Sie mutig darauf, sich gezielt als souveränen, hoch motivierten und leistungsbereiten Musterkandidaten darzustellen – sammeln Sie lieber im Lieblingsoutfit Ihrer Freizeitkollektion Authentizitätspunkte, und stehen Sie dazu, dass Sie schon einmal mit Ihrem Vorgesetzten in Konflikt geraten oder dass der Umgang mit Zahlen und Budgets nicht gerade Ihren favorisierten Arbeitsinhalt darstellt. Lassen Sie sich aber bitte nicht irritieren, wenn die simple Erfolgsbotschaft sich noch nicht bis in alle Entscheiderbüros herumgesprochen haben sollte.

Authentizität kommt in simplen Botschaften als unverstellte »Echtheit« daher, als ein einfaches »Sich so zeigen, wie man ist«. Man kann das als Vogel-Strauß-Politik, als Kapitulation vor der Vielfalt von Rollenanforderungen interpretieren, mit etwas mehr Milde auch als verständliche Reaktion auf die Komplexität des Alltags. Vielleicht auch als Sehnsucht nach Berechenbarkeit in einer Zeit, in der allzu routinierte Selbstdarsteller in Politik und Wirtschaft beim kritischen Betrachter reflexhaft Zweifel an der Ehrlichkeit ihrer Aussagen aufkommen lassen. Selbst Jack Welch, als CEO von General Electric für seine wirtschaftlichen Erfolge bewundert und als knallharter Sanierer mit dem Spitznamen »Neutronen-Jack« bedacht, scheint inzwischen auf Authentizität zu schwören: »Das Beste, was Sie für Ihr berufliches Vorankommen tun können, ist wahrhaftig zu sein. Nicht künstlich, aufgesetzt. Sie müssen anpacken können, schwitzen, lachen, sich um die Menschen und Dinge kümmern. Einfach authentisch sein«, schreibt er im Mai 2007 in der *Wirtschaftswoche*. Zweifel sind angebracht, ob der Topmanager im harten Business tatsächlich sein Herz tagtäglich auf der Zunge getragen hat, im Sinne einer völligen Kongruenz zwischen den eigenen Gefühlen und dem jeweiligen Ausdrucksverhalten – denn nur dies wäre authentisch.

Schließlich wird auch für Führungskräfte Authentizität inzwischen als ultimative Erfolgsgarantie gepriesen. »Nur authentische Führung ist gute Führung«, vermeldet beispielsweise Sven Brodmerkel im April 2007 in der Zeitschrift *ManagerSeminare* und zitiert eine Studie der Akademie für Führungskräfte der Wirtschaft in Überlingen und Bad Harzburg: »Über 60 Prozent der 267 Befragten halten Authentizität für die wichtigste Führungseigenschaft eines Managers, insbesondere in Krisenzeiten. Damit nimmt Authentizität den Spitzenplatz unter allen genannten Eigenschaften ein – noch vor Begeisterungsfähigkeit und Belastbarkeit.« Statt einer Definition des Authentizitätsbegriffes werde aber gern auf »authentische« Persönlichkeiten wie Anselm Grün oder Alice Schwarzer verwiesen, merkt der Autor kritisch an, ebenso auf Reinhold Messner, Hasso Plattner oder Steve Jobs. Allen Genannten mag man eine große Mission zugestehen, die Sie unbeirrt verfolgen. Aber reicht das allein, um authentisch zu wirken? Ehrgeizige Ziele haben vermutlich auch andere. Über den als besonders authentisch gerühmten Apple-Gründer weiß der Journalist Ulf J. Froitzheim übrigens: »Der Ruf von Steve Jobs als begnadeter Charismatiker hat viel mit seinen zwei, drei Auftritten pro Jahr zu tun, die er minutiös inszeniert und tagelang probt wie ein professioneller Showmaster.« Wenn Sie jetzt spontan jemanden in Jeans und schwarzem Rollkragenpullover vor Augen haben, hat die Inszenierung auch bei Ihnen Früchte getragen. Doch wie passt das zu Jobs' vermeintlicher Authentizität?

Zwar scheint niemand genau zu wissen, was sich hinter dem Wundermittel Authentizität verbirgt – in einem Punkt jedoch ist man sich einig: Wichtig ist sie. Nach einer Studie der Human-Resources-Beratung Development Dimensions International (DDI) denken Mitarbeiter hier ganz ähnlich wie ihre Chefs. Bei den Eigenschaften des »Traum-Chefs« stehen »Ehrlichkeit und Authentizität« auf Platz 2, wichtiger fanden die 900 Befragten nur noch, dass ihr Chef »Vertrauen in sie hat«. Managementberater diesseits des Atlantiks, wie beispielsweise Andreas Buhr, behaupten: »Manager oder Leader – authentische Autorität macht den Unterschied« (so der Verkaufsexperte); jenseits des Atlantiks beklagen Führungsexperten, wie Robert Goffee und Gareth Jones: »Too many companies are managed not by leaders, but by mere role players and faceless bureaucrats.«

Fazit: Gefragt ist das Echte, Unverkrampfte, nicht in das Korsett gesellschaftlicher Rollen Gepresste. Gefragt sind Führungskräfte, »die konsistent, offen und ehrlich ihre Botschaften transportieren«, wie der Unternehmensberater Peter Fischer meint. Als authentisch angesehen wird der Mensch, dem es gelingt, »sein ›wahres Selbst‹, seine tiefsten Bedürfnisse zum Ausdruck zu bringen, sich selbst zu verwirklichen, zu entfalten …«, so die Philosophin Beate Rössler in einem Buch über den *Wert des Privaten*. Wer diesem Anspruch nicht genüge, gefährde seine Karriere. Wenn die *FAZ* vom 9. Mai 2008 Jürgen Rüttgers, den Ministerpräsidenten von NRW, nicht als Kanzlerkandidaten der CDU sieht, dann deshalb, weil er »darunter leidet, nicht authentisch zu wirken«. Dabei schafft Authentizität Vertrauen. Selbst Politik-Profi und Selbstdarsteller Klaus Wowereit fordert mit unschuldigem Augenaufschlag, Politiker müssten »wahrhaftige, authentische Interessensvertreter der

Bürger sein«. Dabei ist es nicht wichtig, ob seine Auftritte authentisch sind, sondern ob er in der Lage ist, den Anschein von Authentizität zu erwecken. Für die Zuschauer zählt nicht die Wahrheit, sondern die Wahr-schein-lich-keit: die glaubhafte Darstellung von Authentizität.

Woher rührt die allgegenwärtige Sehnsucht nach dem Echten, Unverfälschten, Authentischen? Da war man vor fast einem halben Jahrtausend schon einmal reflektierter. Dass der Mensch im Leben vielfältige Rollen zu spielen habe, ist spätestens seit Shakespeares Tagen ein geläufiges Motiv. Sein »Die ganze Welt ist eine Bühne/Und alle Fraun und Männer bloße Spieler« in seiner Komödie *Wie es euch gefällt* zählt zu den bekanntesten Zitaten der Weltliteratur. Die Welt als Bühne, auf der wir auf- und abtreten und uns in vorgegebene Rollen fügen, war schon im 16. Jahrhundert ein Klischee, wissen die Literaturwissenschaftler.

Die Welt ist in den letzten 400 Jahren vermutlich nicht einfacher geworden: Die Rollen, die wir heute spielen (können), sind zahlreicher, die Wege, die uns offenstehen, sind vielfältiger, die Anforderungen, die in jeder unserer Rollen an uns gestellt werden, sind ohne Frage komplexer als zu Shakespeares Zeiten. Noch vor 100 Jahren war die (Berufs-) Biografie weitestgehend durch Geburt und Stand vorgezeichnet, noch vor 50 Jahren war die Führungsrolle klar konturiert und nicht etwa Gegenstand einer Flut von Seminaren und Büchern. Der Schuster blieb bei seinem Leisten, und der Chef hatte das Sagen. Heute hat jeder erfolgreiche Schulabsolvent die Qual der Wahl unter Tausenden von Ausbildungsmöglichkeiten, und jeder Manager muss sich im globalen Wettbewerb messen lassen. Wie viele Berufe, Funktionen, Rollen wir in unserem Arbeitsleben ausüben werden, kann niemand vorhersehen; und auch im Privaten treibt die Rollendiskussion seltsame Blüten. Mutter- oder Vaterrolle werden nicht erst seit Eva Hermans Mutterkreuz-Nostalgie und dem Glaubenskrieg um Krippenplätze notorisch kontrovers diskutiert, und selbst, was »männlich« oder »weiblich« ist, weiß heute niemand mehr so genau.

Je unübersichtlicher eine Situation ist, desto größer wird häufig die Sehnsucht nach einfachen Lösungen. Liegt darin die Ursache der unkritischen Glorifizierung der Authentizität? Oder lässt sich die anstrengende Vielfalt der Rollenanforderungen tatsächlich durch ein simples »Sei du selbst!« aushebeln? Nehmen wir also »Authentizität« im Sinne einer unverstellten Echtheit, einer kompromisslosen Einheit von innen und außen einmal ernst, und schauen wir, wohin das führen würde.

Sieben Argumente gegen Authentizität

Was würde eigentlich passieren, wenn wir alle tatsächlich dem Ratschlag folgten, in jeder Situation »wir selbst« zu sein – unsere Gefühle preiszugeben, unseren spontanen Impulsen zu folgen, unsere Meinung ehrlich kundzutun? Die Welt wäre alles andere als ein Paradies, sondern ein sehr unwirtlicher Ort.

1. Authentizität ist egozentrisch

Genau genommen steckt in der naiven Forderung des »Sei echt!« eine gehörige Portion Egozentrik: Die anderen müssen mich halt so nehmen, wie ich bin! Die Idee ist zunächst durchaus sympathisch. Den eigenen Stimmungen nachgeben zu können, ob im Büro oder zu Hause, klingt verführerisch. Nur verliert die Idee ganz schnell an Reiz, wenn wir unseren Vorgesetzten oder Mitarbeitern, unserem Partner oder der Nachbarschaft das gleiche Recht zubilligen sollen. Fast jeder von uns kennt Menschen, die ihre temporären Launen hemmungslos ausleben. Nur nennen wir das dann nicht authentisch, sondern »unsensibel« oder »unverschämt«, bis hin zu »untragbar«.

2. Authentizität macht schutzlos

Wer eine Rolle spielt, verstellt sich, behaupten die Verteidiger der Authentizität. Rollenspieler stehen damit im Pauschalverdacht der (womöglich böswilligen) Täuschung. Das ist eine eingeschränkte und verzerrende Sicht auf die Funktion sozialer Rollen, wie wir in Kapitel 3 noch ausführlicher sehen werden. Rollen definieren Spielregeln sozialen Umgangs und erleichtern auf diese Weise das Zusammenleben. Sie schützen uns und unsere Umwelt dabei unter anderem vor ungebetenen Bekenntnissen und verstörenden Verhaltensweisen. Stellen Sie sich vor, Sie haben einen wichtigen Termin mit Ihrer Unternehmensleitung und der Vorsitzende vertagt das geschäftliche Thema, um Ihnen stattdessen detailliert und hoch emotional über seine aktuell pressierende Ehekrise zu berichten. Absurd? Natürlich, aber auf jeden Fall doch wohl »echt« im Sinne der Authentizitätsapostel.

Nicht zufällig ist das »aus der Rolle fallen« im Sprachgebrauch eindeutig negativ besetzt. Wenn jemand aus der Rolle fällt, wird es meist peinlich oder unangenehm, für den Handelnden ebenso wie für seine Umgebung. Der Soziologe Erving Goffman beschreibt in seinem Standardwerk *Wir alle spielen Theater*, welche »Schutzmaßnahmen« das »Publikum« ergreift, um dem strauchelnden Rollenspieler ein Hintertürchen zu öffnen – am einfachsten, indem es mit Takt und Diskretion über die Sache hinweggeht. Als integrer Mitarbeiter würden Sie vermutlich versuchen, den Fauxpas Ihres Vorgesetzten zu ignorieren und möglichst schnell zum eigentlichen Thema zu wechseln. Welches Kapital intrigante Zeitgenossen aus dem Blick hinter die Vorstandsmaske zu schlagen versuchten, überlasse ich ihrer Fantasie. Rollen schützen uns und andere davor, einander zu nahe zu kommen. Denn Nähe macht in der Regel verletzbar. Das bestätigt auch Medienprofi Harald Schmidt, wenn er im Interview mit der *Zeit* im November 2006 anmerkt, »für mich [ist] das alles ein Gerüst, das mich schützt«. Zumindest das intellektuelle Publikum scheint zu wissen, dass es einer Inszenierung beiwohnt und das wirkliche Geschehen seinem Blick entzogen wird.

3. Authentizität verstößt gegen den gesellschaftlichen Konsens

In den letzten Jahren macht das Thema »Jugendgewalt« immer wieder Schlagzeilen. Gleichgültig, ob rechte Schläger »Jagd« auf Ausländer machen oder junge Migranten ihre Frustration an Rentnern oder U-Bahn-Fahrern auslassen – meist wird anschließend die mangelnde Selbstkontrolle der Täter beklagt und darüber debattiert, welche Maßnahmen am besten dazu geeignet sein könnten, ihre »Eingliederung« in die Gesellschaft zu gewährleisten. Man könnte auch sagen: Wie bekommt man aggressive Amokläufer dazu, gesellschaftlich akzeptierte Rollen zu spielen? Das beweist: Authentizität ist kein Wert an sich und Selbstkontrolle nicht automatisch negativ. Der aggressive 17-Jährige, der auf einen Passanten einprügelt, ist vermutlich völlig »authentisch«. Authentizität wird erst dann zu etwas Wert-vollem, wenn sie tatsächlich an konsensfähige Werte gekoppelt ist. Kulturen werden von Regeln – vor allem auch unsichtbaren – begründet und stabilisiert. Jede Kultur basiert auf einem feinjustierten Normenwerk, welches unter anderem das sozial akzeptierte Rollenrepertoire definiert. Eine Maske zu tragen ist somit ein wesentliches Moment der Zivilisiertheit: Zeige mir die typischen Rollen deiner Kultur, und ich sage dir, in welcher du lebst.

Gerade für die Arbeitswelt gilt, dass ein unausgesprochener Konsens zwischen Arbeitgebern und Arbeitnehmern besteht: Geld gibt es im Tausch für Funktionsfähigkeit. Ziel ist es nicht, den Menschen hinter der Maske zu suchen. Mitarbeiter lassen sich auf das Schauspiel ihrer Führungskräfte ein, um es überhaupt verfolgen zu können und ihren eigenen Beitrag zum Besten zu geben. Natürlich ist jeder dabei auch etwas von der Figur, die er gibt. Und das spannende Rätseln bleibt: Wo fängt die jeweilige Rolle an, und wo hört sie auf?

4. Authentizität ist auch im Privaten eine Illusion

Bleibt noch die Hoffnung auf andere Rückzugsgebiete des Authentischen. Wenn wir schon im harten Berufsalltag auf den festen Sitz unserer Masken achten müssen, dann sollten wir sie wenigstens in den eigenen vier Wänden ablegen können. »Auf dem Sofa zu Hause, beim Spielen mit den Kindern, wenn man mit Freunden zusammen ist; dann kann man authentisch sein«, lautet die These. Tatsächlich? Sie kommen ärgerlich und erschöpft aus dem Büro; ihre Kinder möchten spielen, Geschichten hören, einfach Aufmerksamkeit. Sie brauchen eigentlich zunächst einmal Zeit für sich selbst und möchten am liebsten ungeduldig abwiegeln. Tun Sie's? Als »gute Mutter«, »guter Vater« wohl kaum, und wenn, tut es Ihnen hinterher leid. Ein anderes simples Denkspiel: Wie vielen Menschen in Ihrem privaten Umfeld haben Sie in den letzten drei Monaten auf die Standardfrage »Na, wie geht's?« eine wirklich ehrliche (»authentische«) Antwort gegeben? Selbst gegenüber Freunden oder engen Verwandten flüchtet man sich meist in Floskeln auf einer Bandbreite von »gut« über »geht so« bis »muss ja«. Oder würden Sie einem guten Bekannten, der seinen aktuellen Karrieresprung stolz vor sich herträgt, gleich antworten: »Mein Job wackelt, ich denke über eine Scheidung nach, und Deine Erfolgsstorys kann ich nicht mehr hören!«

Auch im Privaten spielen wir permanent Rollen, beispielsweise die des erfolgreichen Sohnes oder der braven Tochter. Streng genommen täuschen wir unsere Umgebung dabei ständig über unsere »wahre« Befindlichkeit hinweg. Glücklicherweise, meint die Wissenschaftsjournalistin Claudia Mayer, die auf über 200 Seiten eine Verteidigungsschrift der Lüge verfasst hat. Die meisten der kleinen und großen Schwindeleien, mit denen wir uns durch den Tag mogeln, folgten »pro-sozialen« oder »altruistischen« Motiven, meint sie – etwa, wenn wir dem Partner verschweigen, dass wir die geschenkte Perlenkette »spießig« finden, oder behaupten, eine unerwünschte Einladung nur aus »Zeitgründen« leider ablehnen zu müssen.

5. Authentizität simplifiziert den Begriff des »Selbst«

Die eigentliche Schlüsselfrage des »Sei du selbst!« wird von Authentizitätsenthusiasten oft gar nicht gestellt: Was macht denn dieses Selbst aus, das da nach außen gekehrt werden soll? Wie grenzt man den »harten Kern« der eigenen Persönlichkeit gegen die vermeintlichen Verbiegungen sozialer Einflüsse ab? Von Geburt an sind wir diesen Einflüssen ausgesetzt, und zweifellos verändern wir uns auch durch die Rollen, die wir im Laufe unseres Lebens übernehmen. Sind wir mit 20 »derselbe«, »dieselbe« wie mit 40 oder 60 Jahren? Haben Sie spontan eine differenzierte Antwort auf die Frage parat, wer Sie »selbst« sind? Und zwar ohne auf Ihre berufliche Position zu verweisen, auf Ihre täglichen Aufgaben, Ihre Familiensituation oder die Rollen, die Sie sonst im Leben noch spielen, als Vereinsvorsitzender, Parteimitglied und Hobbygolfer meinetwegen? Was bleibt übrig, wenn Sie alle sozialen Funktionen weglassen? Wenn Sie darüber erst einmal nachdenken müssen, befinden Sie sich in großer Gesellschaft. Das aber führt die Idee, »*einfach* authentisch« zu sein zu wollen, ad absurdum. Will man Authentizität nicht auf momentane Launen und Stimmungen reduzieren, setzt authentisches Verhalten eine alles andere als einfache Exploration des eigenen Ichs voraus. Unweigerlich sieht man sich auf dieser Reise mit der Frage konfrontiert, wer man sein möchte und wer man überhaupt sein könnte. Schließlich liegt der Einfluss der Gene auf unsere Persönlichkeit – je nach Forschungsstand und Zeitgeist – »nur« irgendwo zwischen 30 und 70 Prozent. Mehr dazu finden Sie am Ende von Kapitel 3 unter der Überschrift »Rolle und Persönlichkeit«.

6. Authentizität schränkt unsere Handlungs- und Entwicklungsmöglichkeiten ein

Wie entwickeln wir uns weiter, wie lernen wir? Nicht zuletzt, indem wir uns in neuen Rollen erproben. Man kann potenzielle Rollen als Darstellungsangebote verstehen, in die wir hineinschlüpfen können wie in ein neues, zunächst ungewohntes Kleidungsstück. Das aber setzt die Bereitschaft voraus, sein Verhaltensrepertoire zu erweitern und nicht auf einem authentisch-trotzigen »Ich bin, wie ich bin« zu beharren. Der Volksmund empfiehlt, mit den Aufgaben zu wachsen. Das erfordert zwangsläufig, anders aufzutreten, bestimmte Züge der eigenen Persönlichkeit stärker zu betonen und einzusetzen, andere eher zurückzustellen. Gerade Führungskräften wird heute eine große Rollenvielfalt abverlangt: Wer seine Ziele erreichen will, muss im richtigen Moment verständnisvoller Coach, detailorientierter Planer oder auch mitreißender Visionär sein und dabei ganz unterschiedliche Menschen erreichen können, den Meister in der Produktion ebenso wie den Vorstand oder den Gewerkschaftsvertreter. Wer nicht als Chamäleon geboren ist, schränkt seine Entwicklungsmöglichkeiten durch das Festhalten an einer unreflektierten »Authentizität« drastisch ein. Möglicherweise entdecken Sie ganz neue Seiten an sich, wenn Sie sich auf neue Spielfelder begeben und sich in neuen Rollen erproben. Viele neugierige und ambitionierte Menschen nehmen unterschiedliche Rollen daher exakt in diesem Sinne wahr – sie nutzen die Rollenangebote, die ihnen das Leben zuspielt, um die verschiedenen Facetten ihrer Persönlichkeit auszuleben. Anders als Kurt Beck: Dem Journalisten Andreas Petzold zufolge beharrt der SPD-Chef darauf, »›authentisch zu bleiben‹. Anders gesagt: Er will nicht dazulernen. Schon deshalb fällt er als Kanzlerkandidat aus.«

7. Authentizität macht erfolglos

»Wer ist Klaus Kleinfeld?«, fragten die Journalistinnen Nicole Huss und Corinna Visser im *Tagesspiegel* am 2. April 2007. Im Zuge der Siemens-Schmiergeldaffäre geriet der Konzernchef zunehmend unter Druck. Wenn er sich überhaupt dazu äußere, wirke er angeschlagen und nervös: »Es war ihm anzumerken, dass er unter dem Schock der Ereignisse stand.« In einem Interview der *Tagesthemen* wurde der Topmanager beispielsweise gefragt, ob er der »richtige Mann« für die Zukunft von Siemens sei. »Kleinfeld gerät ins Stottern und gibt ausweichende Antworten.« Der Rest ist bekannt: Wenige Wochen später trat Klaus Kleinfeld zurück. Weshalb? Man könnte sagen, Kleinfeld ist unter anderem Opfer seiner Authentizität geworden. Sich (ehrliche) Betroffenheit oder gar Unsicherheit anmerken zu lassen, hat ihm keine Sympathien eingebracht – ganz im Gegenteil. Der Glaube an ihn als krisensicheren Führer eines Milliardenkonzerns wurde nachhaltig erschüttert.

Business is Showbusiness behauptet die Theaterwissenschaftlerin Brigitte Biehl, die zahlreiche Auftritte von Topmanagern auf Hauptversammmlungen und Pressekonferenzen detailliert analysiert hat. Gerade deutschen Managern bescheinigt sie im Vergleich zu ihren amerikanischen Kollegen häufig mangelnde Professionalität, die den Unmut der Presse oder der Aktionäre geradezu herausfordere – etwa, wenn der damals bereits umstrittene Telekom-Chef Ron Sommer sich bei seiner Rede ständig nervös an Brille und Kinn greift und für kontroverse Entscheidungen schließlich ausgebuht wird. Im Zeitalter der medialen Dauerbeobachtung hängt der Börsenwert eines Unternehmens nicht zuletzt vom überzeugenden Hauptdarsteller an der Spitze ab. Gefragt sind Manager, die erwartungskonform funktionieren, Vertrauen einflößen, eine Marke glaubhaft verkörpern. Die Öffentlichkeit honoriert die gelungene Inszenierung, nicht den möglicherweise verstörenden Blick auf den Menschen hinter der Maske.

Der weiche Faktor Vertrauen wird dann zum Kapital, wenn das Branchenblatt *Capital* die Darstellungstechniken der DAX-30-Vorstandsvorsitzenden zur Wertschöpfung ökonomisiert. Basierend auf einem speziell entwickelten Kompetenzmodell der Kienbaum Management Consultants bewerteten im April 2008 90 Kapitalmarktexperten Persönlichkeit, Managementfähigkeit und Kommunikationsstärke. Als Bewertungsgrundlage dienten lediglich die wahrgenommenen und von den Beurteilten inszenierten Bilder – was auch sonst? Die vergebenen Noten wurden ins Verhältnis gesetzt zur Konzernperformance und der eigenen Vergütung. So konnten Aufsichtsrat und Öffentlichkeit ablesen, ob die jeweiligen Unternehmenslenker »im Expertenurteil« ihre Gehälter tatsächlich verdient haben oder nicht.

Das gilt nicht nur für Topmanager: Einem Verkäufer, der auf die Frage nach den Vorteilen seines Angebots ins Stottern gerät, kaufen Sie sein Produkt wahrscheinlich ebenso wenig ab, wie einem Finanzberater, der Sie im abgetragenen Outfit aufsucht – Authentizität hin oder her. Das Argument »Ich bin so, wie ich bin« werden Sie auch bei ihm kaum gelten lassen – beziehungsweise Ihre Schlüsse daraus ziehen.

Authentizität wird im Job nicht belohnt, Echtheit ist nicht immer professionell – jedenfalls dann nicht, wenn man darunter auch die Preisgabe persönlicher Schwächen, Marotten und Unsicherheiten versteht. Wer seine Rolle nicht mehr glaubwürdig ausfüllt, wird abgestraft

– oder sein Unternehmen: Als Jürgen Schrempp seinen Rücktritt vom Vorstandvorsitz seiner Autofirma ankündigte, stieg der Kurs von DaimlerChrysler um 3,7 Milliarden Euro, die Presse sprach in diesem Zusammenhang vom Schrempp-Discount. Ein intelligentes Reputationsmanagement beeinflusst unzweifelhaft das persönliche Einkommen ebenso wie den Wert des Unternehmens.

»Sein, wie man ist« ist ein riskantes Erfolgsrezept. Das wissen am besten die Menschen, die in Politik oder Showbusiness allgemeiner Auffassung nach sehr viel erreicht haben und dann paradoxerweise häufig für Ihre »Authentizität« bewundert werden. Grund genug, den Begriff der Authentizität als solchen einmal kritisch unter die Lupe zu nehmen und sich dann in Kapitel 2 mit den Selbstdarstellungsstrategien der Erfolgreichen zu beschäftigen.

Authentizität auf dem Prüfstand

Der Begriff »authentisch« bedeutete in der Kanzleisprache des 16. Jahrhunderts »zuverlässig verbürgt, urschriftlich, eigenhändig« und bezog sich auf Schriften (spätlateinisch: *authenticus*). Der Begriff leitete sich aus dem griechischen *authentikós* her, das ebenfalls für »zuverlässig verbürgt« stand. Ob ein Schriftstück authentisch war, dafür brauchte man einen verlässlichen Gewährsmann. Authentizität ist also eine Zuschreibung, die von außen erfolgt, aufgrund von wahrgenommenen Indizien. In der »Authentifizierung« von E-Mails durch elektronische Signaturen hat sich dieses Begriffsverständnis bis heute erhalten.

Bei der Übertragung des Begriffs auf Personen (im Sinne von »echt« oder »glaubwürdig«) gerät dieser Zusammenhang schon eher aus dem Blick: Beim naiven Verständnis wird Authentizität von einer Wirkungskategorie (»in den Augen anderer authentisch wirken«) zu einer Ausdruckskategorie (»sich selbst authentisch verhalten«) umgedeutet. In der Gleichsetzung von unverfälschtem Selbstausdruck und authentischer Wirkung liegt jedoch ein grandioses Missverständnis. Das eine hat mit dem anderen nur bedingt etwas zu tun. Wer wollte beurteilen, ob Verona Pooth (geborene Feldbusch) tatsächlich das intellektuell reduzierte Glamour-Girl ist, das sie in den Medien so virtuos verkörpert, oder nicht vielmehr eine durchaus clevere Geschäftsfrau mit einem zielsicheren Gespür für erfolgsrelevantes Rollenspiel? Ob sie »authentisch« ist, bleibt der Meinung des Betrachters überlassen – wie bei jedem anderen, dem wir begegnen, eben auch. Nur so ist es möglich, dass der wirkliche Elvis in einem Elvis-Contest in Las Vegas nur auf Platz 4 landete, wie der Medien- und Managementtrainer Stefan Wachtel im *Handelsblatt* berichtete: Die Selbstinszenierung der »Kopien« war offensichtlich besser als die des Originals; sie wirkten eben authentischer.

Es gibt kein Echtheitszertifikat für Menschen, keine Bundesprüfstelle für Glaubwürdigkeit. Wollen wir die »Authentizität« einer Person beurteilen, sind wir auf Indizien angewiesen: Wie redet jemand, was sagt er, wie kleidet er sich, was für ein Auto fährt er? Doch Indizien können trügen, wie erfolgreiche Hochstapler vom Hauptmann von Köpenick bis zum »Baulöwen« Jürgen Schneider immer wieder bewiesen. Da gibt uns jemand sein Ehrenwort, mit gekränkter Miene und Hand auf dem Herzen, und stellt sich hinterher doch als Lügner heraus. Da überredet uns jemand im dunkelblauen Maßanzug und mit exzellenten Umgangsformen zu einer völlig überteuerten Immobilie. Da gibt jemand den »brutalstmöglichen Aufklärer« in einer Spendenaffäre, und wir fragen uns, ob wir ihm das wirklich glauben sollen. Längst ist Authentizität zum Gegenstand greller medialer Inszenierungen verkommen. Sie wurde zum kommunikativ erzeugten Massenphänomen.

Vielleicht ist die Sehnsucht nach dem Unverfälschten, Echten, Wahren deshalb so groß; vielleicht hat der Wunsch, der andere möge sich »authentisch verhalten« und für uns berechenbar sein, in solchen Enttäuschungen seine Wurzeln. Er bleibt dennoch ein Kindertraum, von dem wir uns verabschieden sollten, wie vom Wunsch nach ewiger Jugend. »Die Welt urteilt nach dem Scheine«, wie Goethe sagt, und sie tut das, weil sie gar nicht anders kann. Georg Büchner drückt es in *Dantons Tod* drastischer aus: »Geh, wir haben grobe Sinne. Einander kennen? Wir müssten uns die Schädeldecken aufbrechen und die Gedanken einander aus den Hirnfasern zerren.« Nichts anderes sagt die moderne Wahrnehmungsforschung: Wir bilden uns in wenigen Sekunden ein Urteil über jemand völlig Unbekannten, wir nehmen unsere Umgebung höchst selektiv und erwartungsgesteuert wahr. Das kann man mit Recht als »grob« bezeichnen. Es führt kein Weg daran vorbei: Wer uns die richtigen Indizien liefert, wer uns ein (in unseren Augen) stimmiges Bild von sich liefert – kurz: wer seine Rolle glaubhaft spielt, den halten wir für authentisch. Wer das nicht schafft, wird abgestraft, verliert Wahlen, Zuschauerquoten oder Jobchancen.

Anregungen zur Selbstreflexion

- In welchen Situationen waren Sie im beschriebenen »reinen« Sinne »authentisch«? Wem gegenüber? Welche Erfahrungen haben Sie dabei gemacht?
- Welche Seiten von sich verbergen Sie im Beruf? Warum?
- Wer in Ihrer Umgebung ist in Ihren Augen – vielleicht als Führungskraft – besonders »authentisch«? Woraus schließen Sie das?

2

Die ganze Welt ist eine Bühne: Erfolgsdarsteller in Wirtschaft, Medien und Politik

> »There's only one thing you need. Sincerity. Once you
> learn how to fake that, you've got it made.«3
> *Michael Kirby (A Formalist Theatre)*

Von Konzernchefs, die sich als tapferer »David« gegen die Goliaths ihrer Branche inszenieren. Von Spitzenpolitikern, die gerade dann besonders authentisch wirken, wenn sie sich brachial verbiegen. Und von Medienpromis, die sich auf eindeutige Rollen reduzieren – oder, ganz im Gegenteil, durch eine verwirrende Zahl von Rollenumsetzungen zum Liebling des Feuilletons avancieren.

Erfolg durch (Selbst-)Kontrolle: Gute und weniger gute Rollenspieler

Bis ins frühe 20. Jahrhundert wurden Schauspieler vertraglich für feste »Rollenfächer« verpflichtet. Alter, Aussehen und Begabung entschieden darüber, ob jemand als »jugendlicher Liebhaber«, »Held« oder »Bonvivant« besetzt wurde, wer sich zur »komischen Alten«, »jugendlichen Naiven« oder eher zur »Femme fatale« eignete. Die Rollenfächer des öffentlichen Lebens, in Wirtschaft, Politik und Kultur, sind heute sicherlich vielfältiger. Doch die wirklich erfolgreichen »Darsteller«, diejenigen, die sich im kollektiven Gedächtnis verankern, verkörpern nach wie vor klar konturierte Rollen.

Einige Beispiele: Wer heute in der leichten Unterhaltung reüssieren will, positioniert sich gern als Schurke (Dieter Bohlen, Stefan Raab), als idealer Schwiegersohn (Jörg Pilawa) oder als netter Nachbar, mit dem man unverkrampft über Gott und die Welt plaudern kann (Günther Jauch, Thomas Gottschalk). Bei den Damen konkurrieren unter anderem unkomplizierte Kumpeltypen (Barbara Schöneberger) mit schrillen Komikerinnen (Hella von Sinnen) oder leicht exzentrischen Intellektuellen (Thea Dorn). Politiker kommen und gehen und sind auch in wichtigen Funktionen oft nur einem erstaunlich kleinen Kreis politisch Interessierter bekannt. Bundesweit Aufsehen erregt, wer beispielsweise den Sponti und Rebellen gibt (wie der Turnschuhträger Joschka Fischer, bevor er sich als Außenminister auch optisch zum Staatsmann wandelte), wer als »ehrliche Haut« für seine Kontinuität geschätzt wird (wie Franz Müntefering) oder wer als scharfer Polemiker auch vor Tabubrüchen, etwa Goebbelsvergleichen, nicht zurückschreckt (wie seinerzeit Heiner Geißler). Und auch Topmanager bleiben von Rollenzuweisungen nicht verschont. Josef Ackermann hat (wohl eher unfreiwillig) den Part des kaltherzigen Verfechters von Shareholder-Interessen übernommen, Peter Hartz profilierte sich vor seinem tiefen Fall eine Zeit lang erfolgreich als Vordenker und Wirtschaftsreformator, Hartmut Mehdorn ist als temperamentvoller Sturkopf berüchtigt. Gerade im Wirtschaftssektor scheint es hierzulande durchaus Nachholbedarf bei der strategisch durchdachten Rollenbesetzung zu geben. Wer seine Rolle nicht selbst aktiv gestaltet, bekommt durch das Publikum einen Stempel aufgedrückt, mit dem er künftig zu leben hat.

Zweifelsohne ist der Bekanntheitsgrad nicht das einzige Erfolgskriterium. Doch an den erfolgreichen und weniger erfolgreichen Rollenspielern des öffentlichen Lebens lässt sich ablesen, wie man sich in bestimmten Funktionen erfolgreich positioniert. Sie demonstrieren, wodurch man an Glaubwürdigkeit gewinnt und als besonders »authentisch« gilt – und wodurch man dieses Gütesiegel aufs Spiel setzt. Was man nach außen »zeigt«, was man von sich preisgibt, wie viel und in welchem Umfeld, ist dafür weit entscheidender als die Frage, wie man im »tiefsten Innersten« tatsächlich sein mag. Kaum jemand wird ernsthaft unterstellen, dass Thomas Gottschalk auch privat der Sonnyboy zum Anfassen ist, der sich brennend für Menschen mit den kuriosesten wetttauglichen Fähigkeiten interessiert. Das muss er auch nicht sein, solange er diese Rolle so glaubwürdig zu verkörpern weiß, dass es am Samstagabend ein Millionenpublikum vor den Fernseher zieht. Ob Dieter Bohlen »tatsächlich« der Bad Guy ist, als der er sich in seinen Shows ausgibt, oder ob er öffentlich eine Kunstfigur verkörpert, können vermutlich nur die wenigen Menschen in seiner engsten Umgebung beurteilen. Für seinen Erfolg ist es unerheblich, solange er die Schurkenrolle glaubhaft spielt und als authentisch wahrgenommen wird.

Profis wie Thomas Gottschalk bedienen unsere Erwartungen virtuos. Wer am Samstagabend den Fernseher anstellt, weiß schon vorher, dass der Showmaster extravagant gekleidet sein wird, dass er über seine weiblichen Stargäste stereotyp ins Schwärmen gerät und ihnen auf dem Sofa immer etwas näher rückt, als es die gesellschaftliche Etikette schätzt. Gottschalks Moderation ist locker, bisweilen auch frech, bleibt aber immer harmlos und familientauglich. Scherze gehen zulasten prominenter Gäste und nicht auf Kosten jener Kandidaten, mit denen das Publikum sich identifiziert. Kandidatenbeschimpfungen, geringschätzige Bemerkungen bis hin zu plumpen Pöbeleien? Undenkbar. Dabei verfügt gerade er über die Fähigkeit zu spitzzüngigen Zynismen, die denen eines Harald Schmidt in nichts nachstehen. Den Rollenwechsel vom rabaukigen Radio-DJ beim Bayerischen Rundfunk hin zu Schwiegermutters Liebling vollzog er bewusst, auch um die Erwartungen seines Umfeldes intelligent zu bedienen. Offen bekennt Gottschalk im Zwiegespräch mit Harald Schmidt, Letzterer habe nun die Rolle des Bad Guy übernommen. Wer hingegen genau das sucht, schaltet bei Bohlen ein und bekommt es auch. Beide, Gottschalk wie Bohlen, kultivieren bestimmte Verhaltensweisen und blenden andere Seiten ihrer Persönlichkeit öffentlich aus.

Dass die Regeln des Showbusiness heute auch außerhalb der Showbranche gelten, bringt unsere Medienwelt unweigerlich mit sich. Wer auf der politischen Bühne in die erste Reihe aufrücken will, muss erfolgreich auf sich aufmerksam machen und für Journalisten und die interessierte Öffentlichkeit eindeutig einzuordnen sein. Gabriele Pauli, eine bisher eher unbekannte Fürther CSU-Landrätin, positionierte sich Ende 2006 bundesweit erfolgreich als unerschrockene Rebellin gegen den parteiintern bereits umstrittenen Edmund Stoiber. Dazu passten Pressefotos in wildlederner Trachtenmode (Tradition!) oder im Motorraddress auf der roten Ducati (modern und unkonventionell!), nicht aber Latexhandschuhe und rote Perücken. »Darf eine Politikerin sich so zeigen?«, fragte die Boulevardpresse angesichts der als anrüchig empfundenen Fotos im Magazin *Park Avenue*. Umsichtige Medienberater hätten der promovierten Politologin und erfahrenen Politikerin vermutlich energisch abgeraten. Mit den Rollenerwartungen einer breiten Öffentlichkeit an ihr politisches Personal vertrug sich dieser provokante Auftritt nicht mehr. Denn die Öffentlichkeit versucht, einseitige Charakterrollen zu besetzen, mögen sie der Komplexität der einzelnen Persönlichkeiten auch kaum gerecht werden. Manch Prominenten mag diese Zuweisung von Klischees unbehaglich sein Auch Frau Pauli nützte es wenig, dass die Empörung über die vergleichsweise harmlosen Fotos ebenso viel über die Fantasie der Betrachter aussagte wie über ihre eigene Instinktlosigkeit. Sie rechtfertigte dies mit der Aussage: »Wir brauchen keine Schauspieler, die nach außen ein Scheinleben führen, aber in Wirklichkeit anders denken.« Ende 2007 trat sie aus der CSU aus, für das Landratsamt wird sie nicht erneut kandidieren.

Der Fall Pauli zeigt, wie stark ein Verstoß gegen rollenkonformes Verhalten sanktioniert werden kann. Rollen definieren Spielregeln, deren Einhaltung das Publikum energisch einklagen kann. Wer Einblicke jenseits der vertrauten Rolle erlaubt, hat keineswegs immer die Sympathien auf seiner Seite. Authentizitätsverteidiger, die die Befreiung von Rollenerwartungen pauschal verklären, vereinfachen daher in unverantwortlicher Weise. Nicht in jedem Fall wird (tatsächliche oder vermeintliche) Authentizität belohnt; wer situativ als unpassend empfundene, »falsche« Facetten seiner Persönlichkeit offenbart, wird abgestraft. Das musste auch ein früherer Verteidigungsminister erfahren, der meinte, die Öffentlichkeit durch einen Boulevardbericht über sein privates Liebesglück für sich einnehmen zu können. Rudolf Scharpings

Poolfotos zu Zeiten der ersten Bundeswehr-Auslandseinsätze gelten bis heute als Musterbeispiel einer verfehlten PR-Politik.

Was das alles mit Ihnen zu tun hat? Auch wenn Sie weder im Showbusiness noch in der Politik zu Hause sind: Ihre eigene Bühne beginnt jenseits Ihrer Bürotür. Ihr Publikum mag ein anderes sein, es ist aber nicht weniger kritisch. Wenn es »Authentizität« fordert, meint es in Wahrheit einen authentischen Auftritt in den Grenzen Ihrer professionellen Rolle. Ein solcher Auftritt ergibt sich nicht von selbst, er will sorgfältig geplant und durchdacht sein. Das weiß niemand besser als die erfolgreichen Darsteller auf den großen Bühnen des Lebens. Drei von ihnen, die ihre öffentlichen Rollen virtuos zu spielen verstehen, eignen sich hervorragend für eine Reflexion der Wirkungsmechanismen beim persönlichen Auftritt. Beginnen wir mit einem Topmanager, der immer wieder für seine Authentizität gelobt wird: Wendelin Wiedeking.

Der Querdenker mit sozialem Gewissen: Wendelin Wiedeking

Topmanager stehen in unseren Tagen unter argwöhnischer Beobachtung. Ihre hohen Bezüge machen regelmäßig Schlagzeilen, ihre Fehltritte auf dem öffentlichen Parkett lösen immer wieder heftige Debatten aus. Ob Hilmar Kopper und die vermeintlichen »Peanuts« offener Handwerkerrechnungen im Zuge der Schneider-Insolvenz, ob Josef Ackermann und sein Victory-Zeichen zu Beginn des Mannesmann-Prozesses, ob Ernst Welteke und sein teurer Silvesteraufenthalt im Berliner Luxushotel Adlon – gerne wird in solchen Fällen ein Werteverlust in der Wirtschaft, ein Mangel an sozialem Gewissen, ein einseitiges Profitstreben oder gar Raffgier beklagt. Die Wirtschaftslenker taugen nicht erst seit Münteferings Heuschreckenpolemik zum beliebten Feindbild. »Die da oben« kassieren scheinbar hemmungslos ab, während sich das Gros der Bevölkerung um Arbeitsplatz, Altersvorsorge und bezahlbare Wohnungen sorgen muss. Dabei mischt sich in die Empörung durchaus auch Neid: Während der wirtschaftliche Erfolg etwa in den Vereinigten Staaten Bewunderung auslöst, wird ihm hierzulande gern der Makel des Maßlosen, Unverdienten angeheftet. »Böse Bosse, arme Arbeiter« titelte die *Frankfurter Allgemeine Sonntagszeitung* Anfang 2008 und lokalisierte das Bild des rücksichtslosen Manchesterkapitalisten in deutschen und französischen Schulbüchern.

Neiddebatte und Kapitalismuskritik hätten demnach tiefe gesellschaftliche Wurzeln. Doch es gibt eine bemerkenswerte Ausnahme bei der beliebten Managerschelte – paradoxerweise einen Mann, der eine Luxusmarke verantwortet, die für das Gros der Bevölkerung in unerreichbare Ferne gerückt ist: einen Manager, der für jene automobile Anachronismen steht, gegen die Klimaschützer immer wieder lautstark protestieren; jemanden, dessen Jahresbezüge sich auf bis zu mehr als 50 Millionen Euro belaufen; jemanden, der im Rahmen einer Unternehmenssanierung 3 000 Mitarbeiter entlassen musste. Trotzdem ist Wendelin Wiedeking einer der beliebtesten Unternehmensvertreter der Bundesrepublik, stets auf einem Top-Platz einschlägiger Image-Listen, beispielsweise der MC Marketing Corporation. Was sind die Ursachen?

Die Fakten

Wendelin Wiedeking wurde im August 1993 zum Vorstandsvorsitzenden der Porsche AG berufen. Damals galt das Unternehmen als typischer Übernahmekandidat. Niedrige Absatzzahlen, eine schwer verkäufliche Produktpalette und hohe Produktionskosten hatten Porsche in eine Krise geführt. Wiedeking verschlankte die Unternehmensstruktur, entließ ein Drittel aller Manager, betrieb konsequentes Outsourcing und Stellenabbau. Die Produktion schlecht laufender Modelle (928, 968) wurde eingestellt; stattdessen setzte Wiedeking auf eine Modernisierung des Erfolgsmodells 911. »Den Zulieferern drückte er die Preise, bis sie auf die Begriffe des Feudalsystems kamen, um ihn zu beschreiben: ›Der Baron‹«, schrieb Beate Flemming im *Stern* über diese Unternehmensphase. Doch der Erfolg gab Wiedeking Recht: Porsche ist heute eines der profitabelsten Automobilunternehmen weltweit. Die *Wirtschaftswoche* vom 24. Dezember 2007 bezifferte den Netto-Gewinn des Unternehmens 2007 auf 4,2 Milliarden Euro; sein Börsenwert steigerte sich in der Ära Wiedeking von 300 Millionen auf rund 25 Milliarden Euro.

Bereits 1994 wurde Wiedeking von der Zeitschrift *Top Business* zum »Manager des Jahres« gekürt; seitdem hat er eine Vielzahl von Auszeichnungen erhalten – die Ehrendoktorwürde der Handelshochschule Leipzig, den Hans-Peter-Stihl-Preis der Region Stuttgart, den »Deutschen Image Award«, das »Verdienstkreuz am Bande des Verdienstordens der Bundesrepublik Deutschland« und den »Orden wider den tierischen Ernst«. In der Prominenten-Hitliste der *Vanity-Fair*-Leser rangierte Wiedeking im Januar 2008 nur drei Plätze hinter George Clooney und damit vor Ferdinand Piëch und Leonardo DiCaprio.

Wirtschaftliche Erfolge können auch andere Manager vorweisen, ohne deswegen zum Liebling der Öffentlichkeit zu avancieren, man denke an Josef Ackermann. Doch nicht nur die Wirtschaftspresse, auch der Durchschnittsbürger ist vom Porsche-Chef begeistert: »Es sollte mehr Unternehmer wie Wiedeking geben«, »Wiedeking ist einer unserer besten Manager«, »So ehrlich, so nachvollziehbar, so glaubwürdig!«, »Einer der letzten ehrbaren Manager« lauten typische Kommentare im Internet. Wiedeking wird als besonders authentisch und glaubwürdig wahrgenommen. Sein Erfolgsgeheimnis: Er besetzt konsequent und mit großem Geschick klare Rollenschemata, die ihm Sympathien einbringen. Wiedeking inszeniert sich weit weg vom Luxussegment, das er eigentlich vertritt – als Manager mit sozialem Gewissen, als bodenständiger Querdenker, als unerschrockener Unternehmensretter.

Rolle 1: David gegen Goliath

Die Porsche AG beschäftigt weltweit über 11 000 Mitarbeiter und generiert Milliardenumsätze. Porsche ist also alles andere als ein wirtschaftlicher Zwerg. Dennoch wird das Unternehmen nicht primär als exklusive Edelschmiede und mächtiger Wirtschaftsfaktor wahrgenommen, sondern als »kleines« Unternehmen, das es »den Großen« erfolgreich zeigt. »Er übernahm ein Unternehmen, das zu klein zum Überleben schien – und machte den profitabelsten Autohersteller der Welt daraus«, heißt es in Wiedekings Autorenvita zu seinem neuesten Buch *Anders ist besser*, die im besten Falle sorgfältig mit dem Verfasser abgestimmt ist. »Bis heute ist Porsche der kleinste deutsche Automobilhersteller und trotzdem selbstständig«, weiß das *Hamburger Abendblatt* Anfang Dezember 2007 über den »Auto-Zwerg aus Zuffenhausen«. Diese Perspektive wird durch ein Buch gestärkt, das Wiedeking vor einigen Jahren herausgab: *Das Davidprinzip*. Gemeinsam mit Autoren von Hans-Olaf Henkel bis Hans Magnus Enzensberger setzt er sich darin mit der »Macht und Ohnmacht der Kleinen« auseinander.

So unverblümt Wiedeking sich in der Öffentlichkeit sonst gern äußert – verbale Muskelspiele über die eigene wirtschaftliche Bedeutung sucht man vergeblich. Stattdessen nimmt er gerne die großen Konzerne ins Visier: »Auch die Dinosaurier sind seinerzeit immer größer geworden – und am Ende ausgestorben«, zitierte Dietmar H. Lamparter in der *Zeit* den »selbst ernannten Mittelständler« angesichts der Fusion von Daimler und Chrysler. Durch solche Äußerungen präsentiert Wiedeking Porsche geschickt als Gegenmodell, als wendiges »Klein«-Unternehmen, das den Automobilkonzernen Paroli bietet. Das bringt Sympathien, denn wer würde sich im Kampf David gegen Goliath schon auf die Seite des mächtigen Riesen schlagen? Der Leser solidarisiert sich instinktiv mit dem vermeintlich Schwächeren – und behält Recht. Auch Wiedekings Lebensmotto »No risk, no fun!« passt perfekt zur Rolle des unerschrockenen David, der es mit dem Größerem aufnimmt. Nimmt man noch die Sanierung des »kleinen« Automobilherstellers und Übernahmekandidaten hinzu, hat man einen Stoff, aus dem Hollywood populäre Filme strickt: Der »Retter der Sportwagenschmiede« *(Who's Who)* nimmt es im allerletzten Moment mit übermächtigen Gegnern auf und triumphiert entgegen allen Erwartungen schließlich über sie.

Ein Glanzstück gelungener Selbstinszenierung war jedoch die Reaktion der Porsche AG anlässlich einer Besetzung der Unternehmenszentrale in Zuffenhausen durch Greenpeace. Die Umweltaktivisten hatten im Juli 2007 ein Plakat mit der Aufschrift »Klimaschweine« entrollt. Porsche konterte direkt mit einer eigenen Plakataktion und bedankte sich zunächst für den Ritterschlag: »Geschafft! Greenpeace demonstriert bei Porsche. Jetzt sind wir wer.« Plakat 2 informierte über die Abgaswerte der eigenen Produktion und verwies unter anderem auf »den geringsten CO_2-Ausstoß pro PS« (unerwähnt blieb, dass ein Porsche 911 355 PS hat und die Sportvariante des Cayenne stolze 405 PS). Plakat 3 schließlich kokettierte explizit mit dem Davidmythos, den auch der Vorstandsvorsitzende sorgfältig pflegt: »Liebe Freunde von Greenpeace: Porsche ist besser als Ihr denkt. Zum Trost: Auch David wurde unterschätzt ...«

Porsche reagierte also nicht nur erfrischend anders und humorvoller als Ölkonzerne oder Betreiber von Walfangflotten – das Unternehmen platzierte sich gleichzeitig als »kleine« Einheit, die sich geschmeichelt fühlen durfte, ins Visier der »großen« Umweltorganisation geraten zu sein – ein galanter Rollentausch und ein genialer PR-Schachzug. Zwischen dem Unternehmen selbst und seinem Lenker lässt sich dabei allenfalls analytisch differenzieren: In der Außendarstellung steht Wiedeking für Porsche, und Porsche ist Wiedeking. Die Imagewerte der CEOs sind längst börsenrelevant.

Rolle 2: Der Querdenker mit sozialem Gewissen

»In Europa gehören Subventionen für die Autoindustrie abgestellt. Warum muss eine reiche, im Wettbewerb stehende Branche subventioniert werden?« Äußerungen wie diese aus einer Pressemitteilung der Porsche AG vom 26. Juli 2007 sind typisch für Wendelin Wiedeking und haben ihm den Ruf eines Querdenkers eingebracht. Dabei legt sich Wiedeking bevorzugt mit den Bossen an, wie bei *Shortnews* im September 2006 zu lesen war: »Es ist nicht nachzuvollziehen, wenn Konzerne Rekordgewinne melden und zugleich ankündigen, dass sie tausende von Arbeitsplätzen streichen.« Kritische Kommentare zu Arbeitnehmervertretungen sucht man dagegen vergeblich. Wiedeking redet nicht nur, er handelt auch entsprechend. »Passen Luxus und Stütze zusammen?«, fragte er provokant auf der Hauptversammlung 2001 die Porsche-Aktionäre. Publikumswirksam verzichtete der Porsche-Chef beim Bau des Leipziger Werkes Ende der Neunzigerjahre auf 50 Millionen Euro Subventionen, die als staatliche Fördermittel für die Ansiedlung gezahlt worden wären. Dies hat ihm nicht nur den Ruf der Glaubwürdigkeit eingetragen, sondern auch den »Sächsischen Steuerzahlerpreis 2004«.

Dabei lässt Wiedeking keinen Zweifel daran, dass solche Aktionen auch dem Image der Marke Porsche dienen: »Porsche-Kunden brauchen sich nicht zu entschuldigen, dass sie dem Steuerzahler in die Tasche gegriffen haben, wenn sie den Zündschlüssel umdrehen«, betonte er im Interview mit dem *Focus* im Dezember 2001 und unterstrich: »Gute Imagewerte sind uns viel wichtiger als die Silberlinge aus dem Steuertopf.« Solche Sätze sind so brillant, dass man sie ruhig öfter sagen kann – in der Dankesrede bei der Verleihung des Steuerzahlerpreises ebenso wie auf Hauptversammlung der Aktionäre im gleichen Jahr. Schließlich weiß jeder, wer sich mit »Silberlingen« kaufen ließ. Dabei weist Wiedeking andererseits Vermutungen, sein Image könnte geschickt gesteuert sein, weit von sich. »Haben Sie das Gefühl, dass das Bild, was die Öffentlichkeit von Ihnen hat, stimmt?«, fragte *Die Zeit* den Topmanager im Jahre 2005. Wiedeking darauf: »Mag sein, aber ich weiß ja nicht wirklich, was die Öffentlichkeit für ein Bild von mir hat.« Kalkül und Querdenkertum vertragen sich eben schlecht miteinander. Doch ein bloßer Zufall wird es nicht sein, dass das neueste Wiedeking-Buch schon im Haupttitel das Image des engagierten Querdenkers weiter befördert: *Anders ist besser*.

Wiedekings Ruf als Manager mit sozialem Gewissen basiert durchaus auf Fakten. So beteiligt das Unternehmen die Mitarbeiter durch freiwillige Sonderzahlungen regelmäßig am Unternehmenserfolg[4] und beugt so Störungen des Betriebsfriedens vor: Porschefahrer mögen überdurchschnittlich viel Geld verdienen, doch für Porschemitarbeiter gilt dasselbe. Getreu der alten PR-Maxime »Tue Gutes und rede darüber« sorgt eine exzellente Pressearbeit jedoch auch dafür, dass solche Maßnahmen publik werden. Damit hat Wiedeking dem Unternehmen einen bemerkenswerten Imagewandel verschafft.

Wiedeking bleibt auch als Querdenker Everybody's Darling, weil er sich gezielt mit den richtigen Gegnern anlegt. Wer auf Großkonzerne, Subventionsabzocker und raffgierige Manager eindrischt, hat die Sympathien der Mehrheit allemal auf seiner Seite. Denn dass »Ecken und Kanten« nicht per se belohnt werden, zeigt der andere deutsche Topmanager, dem dieses Attribut angeheftet wird und der inzwischen zum Buhmann der Nation avanciert ist: Hartmut Mehdorn. Ob Politiker, streikende Lokführer oder unzufriedene Bahnkunden – Mehdorn ist berüchtigt für polternde Attacken selbst in skurrilen Detailfragen. Muss man hartnäckig darauf hinweisen, dass das nistende Seeadlerpärchen, das den Ausbau der Strecke Hamburg – Berlin verzögerte, ja ohnehin »impotent« gewesen sei? Schwer vorstellbar, dass Wiedeking sich auf diese Weise völlig unnötig ins ökologisch unkorrekte Abseits manövrierte. Mehdorns Kommentar zu seinen schlechten Imagewerten in der ARD-Sendung *Beckmann* 2003: »Ich bin kein Industrieschauspieler. Ich bin Mehdorn.« So viel erneut zu den Vorteilen »reiner« Authentizität.

Rolle 3: Der bodenständig gebliebene Gewinner

Welches Bild zeichnet der Privatmann Wendelin Wiedeking von sich in der Öffentlichkeit? Das Hochglanzmagazin *Vanity Fair* bündelt die Informationen, die man auch anderswo – vom *Who's Who* bis zum *Stern* – nachlesen kann: »Wendelin Wiedeking wurde am 28. August 1952 in Ahlen (Westf.) geboren. Sein gleichnamiger Vater verstarb, als er 15-jährig war. W. und seine Frau Ruth sind seit dem Gymnasium zusammen, haben eine Tochter und einen Sohn (Wendelin) und wohnen in Bietigheim. W. schätzt Musik, besonders Jazz, sammelt Modellautos, bastelt und baut auf dem eigenen Grundstück mit Hilfe eines alten Porsche-Traktors Kartoffeln an.«

Keine luxuriösen Eskapaden, teuren Hobbys oder Jetset-Allüren – also ein Manager zum Anfassen, der auch privat für Beständigkeit und traditionelle Werte steht, außerdem offensichtlich ein Autonarr und Porsche-Enthusiast. Dabei schwärmt Wiedeking eben nicht primär von teuren Privatwagen, sondern offenbart eine liebenswerte Marotte. Das Bild vom Multimillionär, der mit dem historischen Traktor Kartoffeln anbaut, bleibt hängen, liefert eine nette Anekdote zum Weitererzählen und platziert Wiedeking weit weg von einem Ferdinand Piëch oder Jürgen Schrempp. »Hin und wieder habe ich auch Freizeit. Ich habe zum Beispiel eigenhändig die Kartoffeln geerntet für den Kartoffelsalat hier auf dem Porsche-Stand auf der IAA«, erzählt Wiedeking im Interview der *Deutschen Welle* im September 2007. Wer mag sich da noch über die Luxusmarke Porsche oder ihren gut bezahlten Chef ereifern, wenn beide so herrlich volksnah und unverkrampft daherkommen? Ob in der *Zeit* oder im *Karriereführer Automobile,* der Porsche-Traktor kommt immer wieder zur Sprache, gelegentlich flankiert durch den heimischen Werkkeller.

Es geht dabei gar nicht darum, ob Wendelin Wiedeking tatsächlich gerne Traktor fährt oder nicht und wie oft er wirklich Kartoffeln erntet. Sicherlich stimmt die Geschichte. Es geht vielmehr darum, dass er diese Story (und keine andere) nutzt, um privat von sich gerade so viel zu zeigen, wie er möchte und wie dies seinem Bild in der Öffentlichkeit nutzt. Die Traktor-Geschichte passt hervorragend zur Querdenker-Rolle, zum Mann mit Ecken und Kanten und zum Aufsteiger aus einfachen Verhältnissen, der sich selbst treu geblieben ist – eben »authentisch inszeniert«.

Fazit: Warum Wiedeking so erfolgreich ist

Wendelin Wiedeking steht für eine konsequente und konsistente Selbstdarstellung in der Öffentlichkeit. Nicht einmal die Wellen, die sein hohes Managementgehalt um die Jahreswende 2007 schlug, haben ihm ernsthaft schaden können. Sein positives Image basiert auf folgenden Faktoren:

Wiedeking besetzt griffige Rollen Wofür Wiedeking steht, lässt sich auf einfache Formeln bringen. Headlines wie »Der Geradlinige«, »Der Held aus Zuffenhausen« oder »Retter in der Not« bestätigen und tradieren die Rollen, die er besetzt. Dabei handelt es sich um beliebte Rollenmuster, die unmittelbar einzuordnen und noch dazu positiv konnotiert sind – der Querdenker, der kein Blatt vor den Mund nimmt, David gegen Goliath, schließlich der Selfmade-Man, der bodenständig geblieben ist.

Wiedeking liefert die passenden Storys und Zitate Ob der historische Porsche-Traktor, die Werkbank im Keller, die Konzernschelte oder die Kritik an der Mitnahmementalität bei den Subventionen – Wiedeking haucht seinen Rollen durch passende Details Leben ein. Dabei verzettelt er sich nicht in einer Vielzahl von Botschaften, sondern setzt auf die immergleichen wirkungsvollen Requisiten. Seine Rollen haben klare Konturen, es gibt keine Brüche. So bleibt er eindeutig und wirkt authentisch.

Wiedeking ist konsistent Der Topmanager lässt den Worten Taten folgen: Er verzichtet selbst auf Subventionen, und er lässt seine Mitarbeiter am Unternehmenserfolg teilhaben. Er pflegt keine teuren Hobbys (jedenfalls äußert er sich nicht dazu) und leistet sich keine Eskapaden. Dass Porsche über seine VW-Beteiligung natürlich auch am Subventionstropf hängt, steht auf einem anderen Blatt.

Wiedeking sorgt dafür, dass verschiedene Medien sich ergänzen und bestätigen Ob provokante Statements im Presse-Interview, eigene Buchpublikationen mit programmatischen Titeln oder öffentlichkeitswirksame PR-Coups wie die Greenpeace-Besetzung oder der Leipziger Subventionsverzicht – die verschiedenen Puzzlesteine der öffentlichen Darstellung Wiedekings greifen perfekt ineinander. Resultat ist ein eindeutiges Bild in der Öffentlichkeit, dass die Person Wiedekings besonders glaubwürdig wirken lässt.

Menschen sind komplex, vielfältig und widersprüchlich. Schon vor diesem Hintergrund wäre es naiv anzunehmen, dass der Mensch Wendelin Wiedeking tatsächlich mit heimischer Kartoffelernte und öffentlicher Managerschelte erschöpfend charakterisiert wäre. Die Zuschreibung von Authentizität gründet in der Stimmigkeit weniger öffentlich präsentierter Details. »Echte« Authentizität bleibt eine Fiktion. Authentisch *zu wirken* ist das Ergebnis einer disziplinierten Selbstpräsentation, die im aktuellen Kontext zu überzeugen vermag. Auch Wendelin Wiedeking wird daher sein Rollenportfolio in naher Zukunft neu ordnen und seine mediale Selbstinszenierung der wachsenden Macht seines Unternehmens anpassen müssen. Seitdem Porsche seine Aktienanteile beim Volkswagen-Konzern zielstrebig aufstockt und dort offensichtlich die Macht anstrebt, wird die Davidsrolle für ihn zunehmend prekär. Ein wirtschaftlicher »Zwerg«, der einen Weltkonzern führt, ist schwer vorstellbar und dem geneigten Publikum damit kaum noch vermittelbar.

Die Weltpolitikerin: Angela Merkel

Hand aufs Herz: Wie viele Parteiprogramme haben Sie in den letzten Jahren durchgearbeitet und verglichen? Wie viele Wahlveranstaltungen haben Sie besucht, um die Kandidaten mit kritischen Fragen zu konfrontieren? Selbst wenn Sie – wie die Mehrzahl der Bundesbürger – auf beides verzichteten, hat Sie das vermutlich nicht an einer Wahlentscheidung gehindert. Wir vertrauen auf einprägsame Nachrichtenbilder, die Darstellungen und Zuspitzungen in der Presse; wir folgen dem Augenschein der »Fernsehduelle« und den griffigen Einordnungen politischer Kommentatoren. Kein Wunder, dass es für eine Karriere in der Politik schon lange nicht mehr genügt, passende politische Argumente zu haben: Politik muss auch gut verkauft werden. Altkanzler Helmut Schmidt merkt in diesem Kontext an: »Heutzutage sind Politiker zur Hälfte Schauspieler.« »Der Professionelle ist ein darstellungskompetenter Kompetenzdarsteller«, hat die Soziologin Michaela Pfadenhauer in einer Studie zum Thema Professionalität ergänzend und hintergründig formuliert.

In den USA sorgen längst hoch bezahlte »Spin-Doktoren« dafür, dass ihre Auftraggeber telegen und glaubwürdig genug wirken, um Mehrheiten zu erzielen. In einer preisgekrönten Reportage stellte der

Spiegel-Reporter Alexander Osang einen dieser »Machtflüsterer« vor, einen Mann, der Richard Nixons Studentenkampagne leitete, während des Watergate-Skandals politisch in Ungnade fiel, im Wahlkampfteam von Nicolás Barletta in Panama arbeitete, Boris Jelzin im Präsidentschaftswahlkampf 1996 ebenso zum Sieg verhalf wie Arnold Schwarzenegger zum Posten des kalifornischen Gouverneurs. George Gorton gilt als einer der erfahrensten politischen Strategen in den USA. Seinen Job beschreibt er so: »Ich entwerfe Strategien, Images, Kampagnen. Ich erforsche Stimmungen, ich mache Kandidaten stark.« Die Mittel reichen von Umfragen und der Beobachtung von Fokusgruppen bis zum gezielten Streuen von Gerüchten über politische Gegner. Gorton feilt gezielt an der Außendarstellung des Kandidaten und lässt durch Wählerbefragungen prüfen, ob seine Maßnahmen greifen. Für Authentizität im eigentlichen Wortsinne ist in diesem Geschäft kein Platz. Da überrascht es kaum, dass Profischauspieler im politischen Geschäft Amerikas seit Ronald Reagan, einem der gekonntesten Inszenierungskünstler der Schein-Authentizität, gute Chancen haben. Arnold Schwarzenegger ist (neben Clint Eastwood, der Bürgermeister seiner Heimatstadt wurde) nur das hierzulande prominenteste Beispiel eines effektiven Selbstdarstellers. Bei den Vorwahlen zu Präsidentschaft 2007/2008 kandidierte unter anderem der »Law & Order«-Serienstar Fred Thompson für die Republikaner. Hillary Clinton bediente sich in ihrer Wahlkampagne 2008 gleich eines professionell aufgestellten Stabes von Beratern, mit Zuständigkeiten für Strategie, Kampagne, Frisur, Make-up, Kleidung, Geld und Glamour, Medien, Reisen. Ihr Business sehen die PR-Profis an der Seite der Politiker selbst erwartungsgemäß völlig unsentimental: »Wir wollen nur an der Oberfläche arbeiten. Wenn der Mensch an sich dabei zugrunde geht, ist das dann das Betätigungsfeld eines Therapeuten«, so einer von ihnen im persönlichen Gespräch.

Der Fall Hans Eichel zeigt die heutigen Möglichkeiten auf, blasse Menschen auf der hell beschienenen Bühne der Politik zum Leuchten zu bringen – mittels einer geschickt lancierten Inszenierung.

Die Presse labelte seine Charakterrolle des Finanzministers in der Regierung Schröder als den »Eisernen Hans«. Das war 1999. Als Regisseur galt sein Medienberater Klaus-Peter Schmidt-Deguelle, einst Eichels Regierungssprecher in Hessen. Nach seinen eigenen Worten (wiedergegeben in der *Süddeutschen Zeitung*) war es sein erklärtes Ziel, in »einer bebrillten Büroklammer mit dem Image eines Sparkassendirektors« die Erotik eines Starministers zu entfesseln. »Er drillte seinen Probanden ... auf zitierfähige Symbole: ... die Sparschweine auf dem Schreibtisch, ... die zwei oder drei Anzüge von der Stange ...« Bei Sabine Christiansen war er Publikumsliebling, »trotz habichtartiger Kopfbewegungen und flatterndem Blick«.

Journalisten, Berater, Politiker und nicht zuletzt die Heilserwartungen der Wähler hatten die unheilvolle Allianz geschmiedet, einen gescheiterten Landespolitiker, auf Grundlage eines fahlen und gerade deshalb Projektionsfläche bietenden Auftretens, zum Politstar zu erheben. *Die Zeit* lobte noch Mitte 2002: »Eichel ist gleich Sparen, und Sparen ist gut, also ist Eichel gut für Deutschland.« Bereits im November 2002 reißt *Der Spiegel* die Maske herunter: »Tricksen, Tarnen, Täuschen. Hans Eichel, einst Star der Regierung, ist entzaubert. Fast wöchentlich muß er seine Zahlen korrigieren.« Vier Monate später konstatiert die *Financial Times Deutschland*, »die Finanzpolitik stehe vor einem »rauchenden Trümmerhaufen«.

Eine völlig uncharismatische Figur wurde auf dem Minenfeld der Berliner Republik zum Popstar aufgebläht; er selbst hatte die Gefahr des Laientheaters früh erkannt: »Wir sind zu hoch gejubelt worden. Das rächt sich irgendwann.«

Der Fall Hans Eichel ist sicherlich ein Extrembeispiel. Im Allgemeinen dürften wir in der Bundesrepublik von den ausgeklügelten Techniken der US-Wahlkampfstrategen noch weit entfernt sein. Dennoch ist es erstaunlich, dass an der Spitze der Exekutive seit 2005 eine Frau steht, deren politisches Engagement erst 16 Jahre zuvor begann und die jahrelang als »Kohls Mädchen« belächelt wurde. Noch im Bundestagswahlkampf wurden Angela Merkels öffentliche Auftritte hartnäckig von der Frage begleitet »Kann die das?«, so Sylka Scholz, Professorin an der Humboldt-Universität Berlin. Heute fragt sich das niemand mehr – im Gegenteil: Gleich drei Bücher versuchen in der jüngsten Vergangenheit den Merkelschen Erfolgsstrategien auf den Grund zu gehen. Der Journalist Hajo Schumacher formuliert *Die zwölf Gesetze der*

Macht, Nathalie Daiber und Richard Skuppin enthüllen *Die Merkel-Strategie*; CDU-Parteifreund Gerd Langguth stellt seine Merkel-Biografie unter das Motto *Aufstieg zur Macht*. Und auch die *Wirtschaftswoche* lässt es sich nicht nehmen, 2007 »Die Geheimnisse von Merkels Macht« zu ergründen. Wo immer man politisch steht, eins ist inzwischen unbestritten: Angela Merkel hat sich als Kanzlerin nicht nur erfolgreich etabliert, sie genießt mittlerweile den Ruf einer kühlen Machtstrategin und versteht es, sich die männlichen Alphatiere, die sich gegenseitig paralysieren, unterzuordnen.

Wie Angela Merkel hinter der politischen Bühne geschickt die Strippen zieht, überlassen wir den Experten des enthüllenden Journalismus. Uns interessiert, wie sie in der Öffentlichkeit agiert, wie sie Bühnen mit ihren Rollen besetzt. Wie es ihr gelingt, sich ins rechte Licht zu rücken, ohne den Anfangsverdacht politischer Gaukelei aufkommen zu lassen. Wie kommt es, dass sie als Kanzlerin inzwischen hohe Sympathiewerte in der Bevölkerung erzielt und im monatlichen *Spiegel*-Ranking regelmäßig Spitzenplätze besetzt? Welche Rollen spielt Angela Merkel?

Die Fakten

Angela Merkels politische Laufbahn begann 1989, mit dem Mauerfall und dem Zusammenbruch der SED-Herrschaft in der DDR. Die promovierte Physikerin, die an der Ostberliner Akademie der Wissenschaften arbeitete, trat dem »Demokratischen Aufbruch« bei und fungierte ab Februar 1990 als Pressesprecherin der neuen Partei. Obwohl diese bei den ersten freien Volkskammerwahlen einen Monat später mit nur 0,9 Prozent der Wählerstimmen enttäuschend abschnitt, wurde Angela Merkel in der Regierung de Maizière zur stellvertretenden Regierungssprecherin ernannt. Im August desselben Jahres trat sie der CDU bei; im Dezember gewann sie ein Direktmandat für den Bundestag im Wahlkreis Stralsund, Rügen, Grimmen. In der Regierung Kohl amtierte Merkel zunächst als Bundesministerin für Frauen und Jugend (1991 bis 1994), anschließend als Bundesministerin für Umwelt, Naturschutz und Reaktorsicherheit (1994 bis 1998). In rascher Folge besetzte Merkel parallel weitere wichtige Parteiämter: 1991 bis 1998 war sie stellvertretende Parteivorsitzende der CDU, 1993 bis 2000 Vorsitzende des CDU-Landesverbandes Mecklenburg-Vorpommern, 1998 bis 2000 Generalsekretärin, seit 2000 Parteivorsitzende der CDU Deutschlands, 2002 bis 2005 Vorsitzende der CDU/CSU-Fraktion im Deutschen Bundestag. Nachdem sie 2002 zugunsten von Edmund Stoiber auf eine Kandidatur verzichtete, wurde sie anlässlich der vorgezogenen Bundestagswahlen im Mai 2005 offiziell zur Kanzlerkandidatin der Union gekürt.

Die Bundestagswahlen im September 2005 führten zu einer Pattsituation: Die beiden großen Parteien lagen mit 34,3 Prozent (SPD) und 35,2 Prozent (CDU) fast gleich auf. Nach einem umstrittenen Auftritt in der sogenannten Elefantenrunde zog Gerhard Schröder seinen Anspruch auf die Kanzlerschaft zurück. Angela Merkel wurde am 22. November 2005 zur Bundeskanzlerin im Rahmen einer großen Koalition gewählt. Sie ist die erste Frau in diesem Amt, das zugleich erstmals von einem Politiker aus den neuen Bundesländern besetzt wird. Im August 2006 führte Angela Merkel die »Liste der einflussreichsten Frauen der Welt« des US-Wirtschaftsmagazins *Forbes* an. Zum 1. Januar 2007 übernahm Deutschland turnusmäßig die EU-Ratspräsidentschaft; im Juni empfing Merkel als Vorsitzende der G8-Staaten die Regierungschefs der größten Industrienationen zum Gipfel im Ostseebad Heiligendamm. 2008 wurde sie in einer repräsentativen Umfrage in den fünf größten EU-Ländern und den USA zur »wichtigsten Führungspersönlichkeit Europas« gekürt, weit vor den Staatschefs in Frankreich und Großbritannien, Nicolas Sarkozy und Gordon Brown.

Was sich in der Reduktion auf Daten und Ämter liest wie ein souveräner Weg ins wichtigste politische Amt der Bundesrepublik, war von Anfang an von öffentlicher Kritik bis hin zur Häme (»Das Merkel«) begleitet. Merkels Frisur wurde ebenso kritisiert wie ihre Art, sich zu kleiden. Noch 2005 erinnerte Evelyn Finger in der *Zeit* daran, wie Merkel zu Beginn ihrer politischen Laufbahn »mit ihrer Ritter-Runkel-Frisur in einer Rügener Fischerkate sitzt oder in Billigshorts auf einem Bootssteg posiert«. Als Quereinsteigerin verfügte Merkel zudem nicht über eine Hausmacht wie ihre innerparteilichen Konkurrenten, die ihre

Parteilaufbahn häufig schon in der Jungen Union begonnen hatten und sich durch Netzwerke wie den »Andenpakt«[5] gegenseitig unterstützten. Merkel stärkte ihre Position innerhalb der eigenen Partei unter anderem durch einen aufsehenerregenden Gastbeitrag in der *FAZ* vom 22. Dezember 1999, in dem sie im Zuge der CDU-Spendenaffäre das Ende der Ära Kohl einleitete und die Partei aufforderte, »ohne ihr altes Schlachtross (...) den Kampf mit dem politischen Gegner aufzunehmen«. Das brachte ihr wenige Monate später den Parteivorsitz ein. Dennoch wurde im Bundestagswahlkampf 2005 Merkels Anspruch auf die Macht in den Medien stark infrage gestellt – mit den widersprüchlichsten Argumenten, wie eine Studie des Deutschen Journalistinnenbundes verdeutlicht. Die Kritik reichte von »Hasenherz« bis »beinhart«, von »mausgrau« bis »mädchenhaft«, von »ohnmächtig« bis »Killerinstinkt«. Wofür Merkel eigentlich stand, wie sie als Person einzuordnen war, schien niemandem so recht klar zu sein.

Daran hat sich bis heute kaum etwas geändert. Kaum jemand dürfte für sich in Anspruch nehmen, zu wissen, wie Merkel »wirklich« ist. Häufig wird sie als kühl und unnahbar beschrieben. Doch auch ohne den Nimbus der besonderen »Echtheit« oder Authentizität hält sie sich in einer politisch heiklen großen Koalition souverän an der Macht. Es ist ihr gelungen, einige Rollen so glaubhaft zu besetzen, dass ihr Führungsanspruch nicht einmal mehr von ihren einstigen erbitterten Rivalen in der Union infrage gestellt wird. Sie riskiert nicht, dass man hinter die Fassade blickt – für ein Anfang 2008 ausgestrahltes ARD-Porträt war ihre Bürochefin für eine Stellungnahme nicht zu erreichen.

Rolle 1: Die Weltpolitikerin

Merkel im Kreise der mächtigsten Politiker der Welt, entspannt im Strandkorbrund, zur Rechten Wladimir Putin, zur Linken George W. Bush, auf der Terrasse mit Nicolas Sarkozy oder Tony Blair plaudernd, die Vertreter Afrikas empfangend oder mit dem amerikanischen Präsidenten in ein intensives Gespräch in Sachen Klimaschutz vertieft – diese Fernsehbilder gingen im Juni 2007 um die Welt. Die Presse witterte im

G8-Gipfel insgesamt nicht mehr als ein »pompöses Schauspiel. … Das Bühnenpersonal wird versuchen, eine gute Figur zu machen.« Auch wenn die Ergebnisse des G8-Gipfels im Nachhinein eher kritisch beurteilt wurden, war der Imagegewinn für Angela Merkel beträchtlich. Die Mächtigen der Welt schienen gut gelaunt, selbst das Wetter spielte mit, vor allem aber wurde dem Publikum eine Kanzlerin präsentiert, die souverän bis locker mit den politischen Alphatieren umzugehen wusste und nicht nur durch ihre Gastgeberrolle im Mittelpunkt zu stehen schien. Mit diesen Bildern hatte sich Angela Merkel im öffentlichen Bewusstsein endgültig einen festen Platz auf der politischen Weltbühne erobert, einen Platz fernab von den Niederungen des zermürbenden Tagesgeschäfts und dem Hickhack innenpolitischer Auseinandersetzungen.

Seit ihrem Amtsantritt besetzt die Bundeskanzlerin öffentlichkeitswirksam und kontinuierlich die Bühne der Weltpolitik – sei es, dass sie bei Wladimir Putin die Achtung der Menschenrechte anmahnt und schmallippig mit ihm zur Pressekonferenz antritt, sei es, dass sie George W. Bush auf seiner Ranch besucht oder dass sie das Ausscheren der früheren polnischen Regierung in europäischen Fragen zu verhindern sucht. Vom Handkuss eines Jacques Chirac beim Antrittsbesuch bis zum gemeinsamen Grillen mit dem US-Präsidenten im ostdeutschen Dorf Trinwillershagen: Solche Fernsehbilder setzen sich in den Köpfen fest und wecken einen diffusen Stolz. »Wir« sind eben nicht nur Papst, sondern auch in der ganz großen Politik angekommen. Zu dieser staats-»männischen« Attitüde passt auch, dass die Bundeskanzlerin nicht nur Kontakte zu Spitzenpolitikern, sondern auch zu anderen wichtigen Persönlichkeiten der Weltöffentlichkeit pflegt. Sie empfängt den Dalai Lama und besetzt damit das Thema Menschenrechte; sie trifft den Nobelpreisträger Al Gore und reklamiert so den Klimaschutz für sich.

Weniger spektakuläre, gar private Bilder der Kanzlerin sind dagegen eine Seltenheit. Man erinnert sich an kurze Auftritte bei der Eröffnung der Bayreuther Festspiele an der Seite ihres Mannes oder an das ein oder andere Urlaubsfoto eines Paparazzo. Merkel hält Distanz und festigt so ihre Rolle als Staatslenkerin, die sich fernab von den profanen

Dingen des Alltags um die wirklich wichtigen Grundsatzthemen kümmert. Homestorys oder gar die öffentliche Inszenierung des Privaten, wie sie Nicolas Sarkozy nach seinem Amtsantritt im Frühjahr 2007 umsetzte? Undenkbar. »Je höher man (…) auf der Statuspyramide steht, desto geringer wird die Zahl der Personen, vor denen man sich familiär geben kann«, schreibt der amerikanische Soziologe und Rollentheoretiker Erving Goffman. Merkel beherzigt diese Erkenntnis und hat daher im Amt als Politikerin an Glaubwürdigkeit gewonnen, während ihr französischer Kollege durch seine öffentlich zelebrierten Luxustrips und Affären als »Téléprésident«, »Speedy Sarkozy«, Hauptfigur der »Sarko-Show« Respekt einbüßte. »Er giert nach dem Spektakel wie der Scheich nach den goldenen Wasserhähnen. Er inszeniert die präsidiale Herrschaft auf der politischen Bühne für eine voyeuristische Gesellschaft, die das große Spektakel liebt. Mit der Softpop-Sängerin Carla Bruni hat das Kalkül der präsidialen Leidenschaft sich für eine ideale Besetzung entschieden.« Beide »besetzen die Hauptrollen im temporeichsten Boulevardstück, das seit langem auf Frankreichs Bühnen gespielt wurde«, schreiben Ullrich Fichtner und Stefan Simpons im *Spiegel*. Und er selbst fügt in der *Zeit* vom 24. April 2008 hinzu: »Ich will nichts beschönigen, aber regieren ist einfacher, als ich dachte.«

Merkel dagegen ist es gelungen, sich durch gut inszenierte Politauftritte und konsequente private Abschottung mit dem Nimbus der Macht zu umgeben und frühere Rollenzuweisungen in ihrer politischen Karriere (»Kohls Mädchen«, »Musterschülerin«, »ostdeutsche Proporzfrau«) erfolgreich hinter sich zu lassen. Sie vermeidet jede Kumpanei oder gar persönliche Nähe und ist selbst mit ihren engsten Mitarbeiterinnen per Sie. Anders als ihre Vorgänger lässt sie auf Auslandsflügen nicht länger Journalisten in ihrer Maschine mitfliegen, sondern geht auch hier auf Distanz. »Inszeniere packende Schauspiele«, empfiehlt der Dramatiker und Drehbuchautor Robert Greene in seinem Bestseller *Power* und erläutert Gesetz Nummer 37 wie folgt: »Eindringliche Bilder und ausdrucksstarke Gesten schaffen die Aura der Macht – jeder spricht auf so etwas an. Bieten Sie großartige Spektakel, nutzen Sie optische Attraktionen und strahlende Symbole. Das stärkt Ihre Präsenz. Geblendet vom schönen Schein wird niemand merken, was Sie in

Wirklichkeit tun.« Das allerdings fragen sich manche Merkel-Kritiker durchaus: Wofür steht diese Kanzlerin wirklich?

Rolle 2: Die Moderatorin

Familienpolitik, Integrationsfragen, Gesundheitsreform – man muss einen Moment nachdenken, um sich zu erinnern, wie Merkel zu solchen grundsätzlichen Fragen steht, und bleibt selbst dann noch ratlos. Hat sie sich zum heftig diskutierten Ausbau der Krippenplätze jemals selbst geäußert? Gab es je Statements zum Gesundheitsfonds oder zum abtrünnigen Gesundheitsexperten Karl Lauterbach, der im Nachhinein munter kritisierte, was er einst selbst mit auf den Weg brachte? Typisch für Merkel ist es, Ressortminister den Zwist um strittige Fragen mit inner- wie außerparteilichen Gegnern austragen zu lassen und sich nur im Notfall selbst dazu zu äußern. Bis dahin fragt sich die Öffentlichkeit längst gespannt, was die Kanzlerin wohl denken mag. Ein solcher Notfall tritt etwa dann ein, wenn Merkels Glaubwürdigkeit auf der Weltbühne in Gefahr gerät, etwa weil ein Ministerpräsident wie Günther Oettinger sich dazu versteigt, Hans Filbinger in einer Trauerrede postum zum Nazigegner zu erklären, und das auch im Ausland Wellen schlägt. Im Übrigen beschränkt sich die Kanzlerin gerne auf die Rolle einer Moderatorin, wie zahlreiche Presseberichte konstatieren.[6] Vor diesem Hintergrund wertet es das Magazin *Stern* als »ungewöhnlichen Auftritt«, wenn Angela Merkel vor der Bundespressekonferenz Anfang 2008 »Stellung zu aktuellen Themen« bezieht.

Ähnlich wie die Rolle der Weltpolitikerin ist auch die der Moderatorin ein Part, der auf Distanz zum politischen Alltagsgeschäft geht. Merkel verstrickt sich nicht in tagesaktuelle Debatten und festigt dadurch ihr Image als Staatslenkerin. Wer sich nicht zu früh festlegt, macht sich nicht angreifbar und profiliert sich als Wahrer übergeordneter Interessen: »Manchmal halten wir uns in der öffentlichen Diskussion mit Nebensächlichkeiten auf, verlieren das große Ganze aus den Augen. Als Kanzlerin geht es mir um das Land«, betont Merkel im Interview mit der Zeitschrift *Bunte* im Oktober 2000.

Weil sie wenig Angriffsflächen bietet, ärgert die Moderatorenrolle politische Gegner, sie irritiert aber auch die eigene Fraktion. »Zweifel an Merkels Bewusstsein um den Markenkern der Partei«, das Fehlen »jeder Unbedingtheit« konstatieren Michael Inacker und Dieter Schnaas in der *Wirtschaftswoche*, um darin gleichzeitig eines der Merkelschen »Geheimnisse der Macht« zu sehen: »Verstecke deine Absichten«. Die Rolle der Moderatorin ist leidenschaftslos, kühl, abwägend.

Rolle 3: Die befriedete Weiblichkeit

Als Frau in exponierter Führungsrolle befindet sich Angela Merkel in einer klassischen Double-Bind-Situation: Da klassische Führungseigenschaften (Durchsetzungsstärke, Konfliktfähigkeit, Zielorientierung und so weiter) bis heute männlich besetzt sind, kann sie sich eigentlich nur »falsch« verhalten. Macht sich eine Frau traditionelle Führungstugenden zu eigen, ist sie dominant und »herrisch«, besinnt sie sich auf vermeintlich weibliche Eigenschaften, wird ihr eben dies als mangelnde Durchsetzungsstärke zum Vorwurf gemacht. Margaret Thatcher entschied sich in diesem Dilemma für Ersteres und ging als »eiserne Lady« in die Geschichtsbücher ein. Angela Merkel hat einen anderen, recht interessanten Ausweg aus dieser Sackgasse gefunden.

Zunächst zum Offensichtlichen: Merkels optische Wandlung in den letzten Jahren ist aufmerksam registriert worden. Kaum jemand hat eine solche Metamorphose durchgemacht wie diese Politikerin, die 1989 »mit Topfhaarschnitt und Jesuslatschen« – so Sabine Rückert in der *Zeit* – ihre Karriere startete, um gut 15 Jahre später einigermaßen ladylike, mit flotterer Frisur, leichtem Make-up und einer Vorliebe für dezente Farben auf dem politischen Parkett zu überzeugen. Man mag über Schminkzimmer und Visagistin, Starfriseur und Dreiknopfblazer spotten – Merkel hat sich ganz unsentimental den Erwartungen des Publikums an eine Topmanagerin im politischen Geschäft unterworfen. Ob dieses Outfit ihrem persönlichen Geschmack entspricht – »authentisch ist« –, darf im Hinblick auf ihre früheren Auftritte bezweifelt werden. Darauf kommt es auch weniger an. Wesentlich ist, dass Merkel in einer Zeit, in der jede mittlere Führungskraft im Auswahlverfahren auch äußerlich überzeugen muss, eine »vorzeigbare« Bundeskanzlerin abgibt. Sie ist nicht besonders elegant (wie etwa die US-Außenministerin Condoleezza Rice), aber elegant genug, um Diskussionen um ihr Aussehen nach und nach den Boden zu entziehen. Dabei ist die Optik nebenbei ein augenfälliges Beispiel für geschlechtsspezifische Rollenerwartungen (auch) in der Politik. Niemand käme auf die Idee, das überwiegend wenig Dressman-taugliche männliche Personal einer annähernd kritischen Musterung zu unterziehen wie Angela Merkel – im Gegenteil: Verdächtig macht sich eher, wer als Mann erkennbar Wert auf sein Äußeres legt, wie Gerhard Schröder bei seinem umstrittenen Brioni-Auftritt.

Merkel hat sich von ihrem früheren Mauerblümchen-Outfit erfolgreich verabschiedet, ohne betont weiblich aufzutreten oder bei ihren männlichen Gesprächspartnern gar »erotischen Stress« aufkommen zu lassen, wie der Schweizer Publizist Roger Koeppel schreibt. Merkel sei »verbindlich, freundlich, kumpelhaft, aber immer auch distanziert in einer Mischung aus mädchenhafter Verschmitztheit und Galanterie«, attestiert er ihr. Man könnte auch sagen: Merkel ist die personifizierte große Schwester, die sich am Sonntag fein gemacht hat – sicher auch »irgendwie« Frau, aber eher der gute Kumpel, wenn es sein muss, auch die strenge Mahnerin, doch niemals das Objekt erotischer Begierde. Der Publizist Hajo Schumacher, bis 2000 Co-Leiter des Berliner *Spiegel*-Büros, konstatiert passend dazu: »Der Franzose Sarkozy und der Russe Putin wirken wie zwei tumbe Halbstarke neben ihr.« Sogar Fotos eines gewagten Dekolletés wie beim Opernbesuch im April 2008 verzeiht man ihr mittlerweile – viele sehen hier sogar den zurückgekehrten Mut zum Frausein. Zu Beginn ihres Auftritts auf der bundespolitischen Bühne hätte das zweifelsohne noch weit höhere Wellen geschlagen.

Mit ihren modischen Konzessionen hat Merkel die Frauenfrage optisch befriedet. Inhaltlichen Versuchen, das typisch Weibliche ihres Regierungsstils zu ergründen, entzieht sie sich konsequent. »Die Frage, was ich in einer Regierung am Ende erreichen kann, ist eine Frage, die von einem Mann und einer Frau gleich beantwortet wird«, kontert sie den Versuch der *Bunten*, ihr im Interview 2006 eine »sehr weibliche« Konsensorientierung zu unterstellen. Gern wird sie als konzilianter und ruhiger beschrieben als ihr Vorgänger, als gute Zuhörerin. Als frauenspezifisches Verhalten will sie das jedoch nicht verstanden wissen: »Der Regierungsstil hängt eher von der Persönlichkeit ab, nicht vom Geschlecht.« Merkel will nicht als »*Frau* an der Macht« gesehen werden, sondern als politische Funktionsträgerin: »Mir geht es darum, unser Land voranzubringen.«

Dazu passt, dass sie ihr Privatleben fast völlig abschottet. Undenkbar, dass sie sich wie die frühere Citibank-Chefin Christine Licci kokett zu einem »typisch weiblichen« Schuhtick bekennen würde. Der Werdegang auf ihrer persönlichen Homepage www.angela-merkel.de ist eine trockene Aufzählung von Ausbildungsstationen, Ämtern und Funktionen; ihre tabellarische Vita unter www.bundeskanzlerin.de reiht schmuck- und kommentarlos Stationen aneinander. »Die Frau« Angela Merkel bleibt dahinter völlig verborgen. Das ist so gewollt. Wer unter »angela merkel privat« auf ihrer Seite nachschaut, erfährt: Die Kanzlerin hat auch am Wochenende viele politische Termine, besucht Konzertveranstaltungen, fährt gern ins Grüne, geht spazieren und kocht (wie es sich für die Vertreterin einer konservativen Volkspartei gehört) »am liebsten rustikal: Kartoffelsuppe, Schnitzel oder Forelle«. Das dürfte auf Hunderttausende ihrer Geschlechtsgenossinnen genauso zutreffen und verbirgt mehr, als es preisgibt.

Angela Merkel verweigert sich dem neugierigen Blick hinter die Kanzlerinnen-Maske fast vollständig und hat eben deshalb Erfolg: Ohne private Bekenntnisse ist sie umso überzeugender in ihrer offiziellen, »staatstragenden« Rolle und entzieht der Diskussion »Frau und Führung« den Nährboden. Das wird hin und wieder als kühl und undurchsichtig kritisiert, ist aber erfolgreich.

Fazit: Was Merkel so erfolgreich macht

Angela Merkel ist ein prominentes Gegenbeispiel zur simplifizierenden Gleichung Authentizität = Glaubwürdigkeit = Erfolg. Die Person verschwindet hinter dem Amt, das sie eben deswegen besonders glaubwürdig ausfüllt. Ihre Erfolgsmomente:

Merkel reduziert die Zahl ihrer öffentlichen Rollen Über die Ehefrau, die Pfarrerstochter oder die Privatperson Angela Merkel wissen wir fast nichts; sogar als Parteivorsitzende bleibt sie blass. Sie tritt als Visionärin oder engagierte Wertkonservative nicht in Erscheinung, sie inszeniert sich vor allem als pragmatische Lenkerin der Staatsgeschäfte und ist eben deshalb als Amtsträgerin besonders überzeugend.

Politiker müssen sich im medialen Sperrfeuer als Konstanten verankern; sie tun gut daran, der Öffentlichkeit klare und möglichst griffige Interpretationsangebote zu liefern. Ursula von der Leyen ist die Frau im Kabinett Merkel, die das ebenfalls virtuos beherrscht: »Sie präsentierte sich als frische Seiteneinsteigerin, obwohl sie als Tochter des ehemaligen Ministerpräsidenten Albrecht Spross der niedersächsischen CDU-Aristokratie ist und bald unter dem persönlichen Schutz Angela Merkels stand. Stets pflegte sie das Image einer vom Politikbetrieb unverdorbenen Frau, doch gleichzeitig benutzte sie wie kein anderer Politiker Bilder ihrer siebenköpfigen Kinderschar für ihr persönliches Fortkommen«, schreiben Ralf Neukirch und René Pfister im *Spiegel*. Wie Wiedekings historischer Traktor für Bodenständigkeit steht von der Leyens Kinderschar vor der heimischen Bücherwand für geballte »Familienkompetenz« und macht es den Traditionalisten in der Union schwer, ihre progressiven Ideen als familienfeindliche Emanzenträume abzutun. Auch von der Leyen dosiert dabei sehr stark, was sie preisgibt, und bedient vor allem die bildungsbürgerlichen Klischees von Hausmusik, Reiten und der Lektüre guter Bücher.

Wer Menschen für sich einnehmen will, muss berechenbar sein. Das weiß niemand besser als die Politprofis in den Vereinigten Staaten: Arnold Schwarzenegger gibt den progressiven Republikaner mit ökologischem Gewissen, Hillary Clinton den erfahrenen Politprofi, Barack Obama den jungenhaften Visionär à la Kennedy, und Rudy Giuliani präsentierte sich in den Vorwahlen zur US-Präsidentschaft als »entschlossener Führer mit dem Image eines Drachentöters«, so *Der Spiegel* 2007. »Man muss authentisch erscheinen, das setzt intensive Arbeit voraus«, unterstreicht einer ihrer Spin-Doktoren im vertrauten Gespräch hinter den Kulissen. Und so liefern die Politprofis die passenden Versatzstücke, Anekdoten und Fernsehbilder. Mit der kontrollierten Preisgabe von Informationen entstehen »Propagandabilder (...), die fernab der sozialen Realität Kunstgeschöpfe zeigen«, ist im *Focus* Mitte 2007 zu lesen. Und je perfekter die Inszenierung, desto »authentischer« wirkt paradoxerweise der Kandidat.

Wer widersprüchliche Botschaften sendet oder auf die falsche Rolle setzt, wird dagegen vom Publikum abgestraft, wie Gerhard Schröder, über den es anlässlich seiner Memoiren 2006 im *Spiegel* heißt: »Er war der Brioni-Kanzler, der seinen Stolz darüber, es ganz nach oben geschafft zu haben, offen zur Schau stellte. Es folgte der Kriegskanzler, der die Deutschen an der Seite der Amerikaner erst in den Kosovo und dann nach Afghanistan führte, darauf der Antikriegskanzler. Im fünften Jahr seiner Kanzlerschaft vollzog er seine letzte Wendung, zum Agendakanzler; diesen Rollenwechsel hat er mit dem Machtverlust bezahlt.«

Merkel verweigert sich dem Boulevard Merkels private Abschottung hat ihr zwar den Vorwurf der Unnahbarkeit eingebracht, birgt jedoch den unschätzbaren Vorteil der besseren Steuerbarkeit der medialen Außendarstellung. Wer Privates zu instrumentalisieren versucht, um es »menscheln« zu lassen oder anderweitig Authentizitätspunkte zu sammeln, macht schnell die Erfahrung, dass er die Geister, die er rief, nicht wieder loswird. Horst Seehofers Zaudern zwischen Ehefrau und Geliebter mag einen authentischen Blick in seine private Befindlichkeit geboten haben, die intensive Begleitung seiner Liebesnöte durch die *Bild-Zeitung* ließ ihn frühzeitig aus dem Rennen um die Stoiber-Nachfolge ausscheiden. Silvana Koch-Mehrin konnte sich 2006 mit nacktem Bauch zwar als »wahrscheinlich sexieste Schwangere« (*Bild*) feiern lassen, sah sich beim Verlust ihres dritten Kindes ein Jahr später jedoch bohrenden Fragen nach möglichen Ursachen ausgesetzt, bis hin zum Vorwurf, sie habe sich leichtfertig überanstrengt. Und die private Selbstentblößung eines Nicolas Sarkozy wurde nach seinem Amtsantritt nicht länger als schmeichelhafter Glamour verbucht, sondern trug ihm den Vorwurf »obszönen Gehabes« ein und schürte Zweifel an seiner Amtstauglichkeit. Die wirklichen Profidarsteller auf der politischen Bühne behalten die Fäden ihrer Inszenierung lieber selbst in der Hand und beschränken sich daher auf wohl dosierte private Informationen, deren Interpretation einigermaßen kontrollierbar bleibt.

Merkel bleibt sich bei aller Inszenierung im Kern selbst treu Paradoxerweise könnte gerade die distanzierte Kühle im Fall Merkel eine große Menge tatsächlicher, nicht nur gespielter Authentizität beinhalten – Jugendfreunde und Weggefährten beschreiben sie als jemanden, der »nie viel über sich erzählt« hat, Menschen in ihrer Umgebung charakterisieren sie als eine Frau, die »alles verberge«. Wir scheinen Authentizität jedoch intuitiv mit Extraversion zu assoziieren: Wer verschlossen bleibt, wirkt »irgendwie unauthentisch«. Die Journalistin Franziska Reich beschreibt im *Stern* einen Auftritt Merkels auf dem CSU-Parteitag im November 2004, bei dem sie eine ungewöhnliche Konzession an die Mediengesellschaft machte. Angela Merkel berichtete öffentlich aus ihrer Kindheit, über die schweren Abschiede von der Hamburger Großmutter am Bahnhof Friedrichstraße, bei denen ihrer Mutter deutlich die Angst anzumerken gewesen sei, dass man sich niemals wiedersehen würde. Die CSU-Mannen waren anschließend begeistert: »Sie habe es endlich begriffen«, »sehr rührend« sei das gewesen, »authentisch auch«.

Möglicherweise war Angela Merkel nie weniger authentisch als in diesen Momenten privater, gezielt inszenierter Selbstentblößung. Die staatsmännische Rolle, zu der sie heute gefunden hat, spielt sie vielleicht auch deswegen so perfekt, weil sie sich dafür eben nicht »verbiegen« muss. Wenn Distanziertheit zu Merkels Naturell gehört, ist ihr dieser Part auf den Leib geschneidert. Das bedeutet: Wer erfolgreich Rollen spielen will, tut gut daran, darauf zu achten, dass die Drehbücher zu ihm passen. Mehr dazu finden Sie in Kapitel 6: »Die Lösung: Rollensouveränität statt Authentizität«.

Der Berufszyniker: Harald Schmidt

Auch wenn die Medienwelt gern als Hort der Kreativität auftritt – ihr Personal ist ähnlich klar geordnet wie das im bühnenreifen Kasperletheater. Hier wie dort gibt es positive Helden (Kasperl), böse Buben (Räuber), nette Naive (Seppl), dekorative Frauen (Prinzessin) und energische Großmütter. Nehmen Sie Theo Kroll, den freundlichen, aber bestimmten *Frontal 21*-Moderator, den aggressiv auftretenden Michel Friedman, den harmlosen Johannes B. Kerner, das dauerlächelnde Ex-Model Michelle Hunziker und die resolute Elke Heidenreich, dann fällt die Rollenzuweisung nicht schwer. Die meisten erfolgreichen Kabarettisten erfinden für sich eine eindimensionale Bühnenfigur – Dieter Hildebrandt gibt den mit der Welt hadernden Intellektuellen, Gerhard Polt den naiv-bösartigen Provinzler, Oliver (Olli) Dittrich mit »Dittsche« den arbeitslosen Hobby-Philosophen, der seinen Stamm-Imbiss ungeniert im Bademantel aufsucht. Und wer, wie Mathias Richling, gerne auch mal Politgrößen parodiert, setzt daneben immer noch auf eine stabile Rolle mit Wiedererkennungswert: den pausenlos zeternden schwäbischen Hausmeister und personifizierten Albtraum jeder Mietergemeinschaft. Die »Stars der Volksmusik« wiederum bereichern ihre rundherum heile Welt zielgruppengerecht um passende Holzschnitte, vom glücklichen Paar (Marianne und Michael) über den charmanten Lieblingsenkel (Florian Silbereisen) bis zum idealen Schwiegersohn (Hansi Hinterseer). Ihre Kollegen von der Fraktion Rock & Pop machen es nicht anders und bedienen die Fans mit eindeutigen Charakteren vom harmlosen Gute-Laune-Pop eines Sasha mit passendem Sonnyboy-Image bis zum Dauer-Rebellentum in die Jahre gekommener Rockveteranen wie den Rolling Stones.

Eindeutigkeit scheint Trumpf zu sein, sie sorgt für Glaubwürdigkeit auch – oder gerade – dann, wenn sie das Ergebnis einer sorgfältigen Inszenierung ist: »Beim Kölner Konzert gab Bruce Springsteen mal wieder den Haudegen mit Authentizitätsgarantie. Das war hoch artistisch – und tief berührend«, schreibt Eric Pfeil auf *Spiegel online* Ende 2007, und fährt fort: »Die Ansagen sind so einstudiert wie die Songs. (...) Springsteen steht für eine Rock'n'Roll-Naivität, die weder vor ihm noch nach ihm als derart wuchtiges Showbiz inszeniert wurde. Showbiz, das die vermeintliche Authentizität so perfekt inszeniert, dass sie anrührend wirkt.« Dass ein Multimillionär und mehrfacher Familienvater von fast 60 tatsächlich immer noch der Working-Class-Hero ist, als der er vor über drei Jahrzehnten vielleicht einmal startete, glauben vermutlich nur die wenigsten unter seinen Fans. Doch wer ein Springsteen-Konzert besucht, erwartet diese Pose ebenso wie der Volksmusik-Liebhaber die überzuckerte Heimatidylle oder der Schlagerfan die schmelzende Romantik eines zeitlebens mit seiner Rolle hadernden und schließlich daran zerbrechenden Roy Black.

Wären die Medienpromis, die Stars und Sternchen wirklich »authentisch«, bräche das Deutungschaos aus. Es genügt jedoch vollkommen, wenn wir uns über die »eigentlichen« Intentionen unserer Kollegen, Vorgesetzten, Kunden, Nachbarn, Bekannten oder Partner immer wieder den Kopf zerbrechen müssen: Öffentliche Personen machen eindeutige Interpretationsangebote, die wir dankbar aufgreifen. Wenn wir ehrlich reflektieren, wissen wir durchaus, dass wir nicht »alles« erfahren, dass wir mit mehr oder weniger komplexen Rollen abgespeist werden. Es gibt ja genügend Fernsehmagazine, die regelmäßig Politiker demaskieren, und Boulevardjournalisten, die die oft traurige Wahrheit hinter der heilen Fassade der Prominenz enthüllen. Wir nehmen es zur Kenntnis – und bleiben dennoch bei den vertrauten Schubladen.[7] Wollen wir tatsächlich »Authentizität«? Geht es uns im Kern nicht eher um – wenn auch gespielte – Eindeutigkeit und Berechenbarkeit? Sind wir hier nicht auch Komplizen der Akteure, da wir deren Rollenspiel durch unsere Sehnsucht nach Märchen erst zulassen?

Paradoxerweise gibt es eine Medienfigur, die eben diese Eindeutigkeit radikal verweigert, und damit beispiellosen Erfolg hat: Harald Schmidt.

Die Frage »Wer ist Harald Schmidt?« beschäftigt die Feuilletons und füllt ganze Bücher. Selbst die simple Frage, »was« Schmidt ist, erfordert umständliche Aufzählungen: Er sei »ein deutscher Schauspieler, Kabarettist, Kolumnist, Entertainer, Schriftsteller und Moderator«, behauptet die Online-Enzyklopädie Wikipedia, um später auch noch den

»Talkmaster« und »Fernsehproduzenten« hinzuzufügen. Doch was soll man auch von jemandem halten, der Auftritte bei Karl Moik ebenso wenig scheut wie Gastrollen beim *Traumschiff*, zwischendurch Beckett spielt, als »Dirty Harry« den Bösewicht der Abendunterhaltung mimt und 2006 obendrein vom Magazin *Cicero* zum »zweitgrößten Intellektuellen« Deutschlands gekürt wurde – gleich nach Günter Grass?

Die Fakten

Harald Schmidt wurde 1957 in Neu-Ulm geboren und wuchs im schwäbischen Nürtingen auf. Dort war er bereits während seiner Schulzeit als Organist und Chorleiter tätig. Er legte die C-Prüfung für Kirchenmusik ab und nannte als ersten Berufswunsch »Priester«. In einem Interview mit der *Weltwoche* meinte er 2005 dazu: »Da ging es nur darum, vor einer großen Menge zu predigen und Hostien zu verteilen. Das war nicht religiös fundiert.« Stattdessen schlug er zunächst eine Schauspiellaufbahn ein. Auf die Ausbildung an der Staatlichen Schauspielschule Stuttgart (1979 bis 1981) folgte ein Engagement an den Städtischen Bühnen Augsburg, wo die großen Rollen allerdings an ihm vorbeigingen (1981 bis 1984). 1984 bis 1989 war Schmidt Ensemblemitglied am Düsseldorfer Kom(m)ödchen, mit Kollegen wie Thomas Freitag oder Hugo Egon Balder. Als Kabarettist tourte er ab 1985 auch solo durch die Republik, 1988 hatte er mit *Maz ab* seine erste Fernsehshow, ab 1990 moderierte er die Rateshow *Pssst*, von 1990 bis 1994 folgte *Schmidteinander* (zusammen mit Herbert Feuerstein). 1992 war Schmidt im Samstagabendprogramm angekommen und führte bis 1995 (mit mäßigem Erfolg) durch die Unterhaltungsshow *Verstehen Sie Spaß?*

1995 hatte die *Harald Schmidt Show* auf Sat 1 Premiere. Bis 2003 war Schmidt damit 1366-mal auf Sendung. Ab 2000 machte er auch Werbung (für Premiere World, Karstadt, Nescafé, Yellow-Strom, Deutsche Bahn, Hexal, Media Markt). 2001 trat Schmidt beim *Musikantenstadl* auf und schmetterte mit Karl Moik »Auf der Schwäb'sche Eisebahne«. 2002 verkörperte er am Schauspielhaus Bochum die Rolle des Dieners Lucky in Becketts *Warten auf Godot* und wurde dafür von der Zeitschrift *Theater heute* im selben Jahr zum »Besten Nachwuchsschauspieler des Jahres« gekürt – mit immerhin 45. Ende 2003 kündigte Schmidt eine »Kreativpause« an. In der zweiten Jahreshälfte 2004 tourte er mit seinem Showpartner Manuel Andrack als Kabarettist durch die Stadthallen, im Oktober war er im »Otto«-Film *Sieben Zwerge – Männer allein im Wald* zu sehen. Im Januar 2005 startete die Show *Harald Schmidt* bei der ARD, ab Ende des Monats war er in einer Nebenrolle in Helmut Dietls *Vom Suchen und Finden der Liebe* im Kino präsent. 2006 moderierte er zusammen mit Ex-Model Eva Padberg die Bambi-Verleihung. Während der Olympischen Winterspiele trat er außerdem mit dem Sportreporter Waldemar Hartmann als Duo »Waldi & Harry« auf. Im April 2007 moderierte er gemeinsam mit Claus Kleber das *heute journal*, wenige Wochen später eine Geburtstagsgala für Kurt Masur. Mitte 2007 holte sich Schmidt für seine Show Verstärkung durch den Comedian Oliver Pocher (*Schmidt & Pocher*). Anfang 2008 folgten Fernsehrollen in *Das Traumschiff*, wo Schmidt einen »Gentleman-Host« spielte, und in *Unser Charly*, wo er als Obdachloser auftrat.

Ohne Schmidt auskommen muss nur seine eigene Geburtstagssendung, denn »Harald Schmidt wird 50, will aber nicht feiern«. Seine vielfältigen Aktivitäten ließen ihm noch Zeit, Kolumnen für den *Focus* zu schreiben und Bücher unter wegweisenden Titeln wie *Sex ist dem Jakobsweg sein Genitiv. Eine Vermessung* zu publizieren.

Harald Schmidt hat im Laufe seiner Karriere eine Fülle von Preisen gewonnen, darunter dreimal den Deutschen Fernsehpreis (2000, 2001, 2003), zweimal den Adolf-Grimme-Preis (1997, 2002), den Bambi und die Goldene Kamera (1993), den Medienpreis für Sprachkultur der Gesellschaft für deutsche Sprache e.V. (1998), den Hildegard-von-Bingen-Preis für Publizistik (2003) und den »Preis der beleidigten Zuschauer«, der »die herausragende Unverschämtheit eines einzelnen Fernsehschaffenden oder einer programmverantwortlichen Institution«[8] auszeichnet und auf den er daher besonders stolz sein dürfte (2006).

Rolle 1: Der Unberechenbare

Eine Rolle, die Harald Schmidt virtuos beherrscht, ist die, sich auf keine Rolle festlegen zu lassen. Er schreckt vor (fast) nichts zurück und bleibt durch diese Unberechenbarkeit dauerhaft im Gespräch (und eigentlich auch wieder berechenbar). Vom *Traumschiff* bis Beckett und von der Bambi-Verleihung bis zum *heute journal* – was davon ist Selbstironie, was ist ernst gemeint, was subtile Medienkritik und was vielleicht gar nichts von alledem und nur purer Nonsens? Das Feuilleton vermutet mal einen »Adorno der Fernsehunterhaltung«, mal die »Sammelwut eines Messies«. Auch erfahrene Journalisten wissen nicht, woran sie sind. »Zweimal, so erzählte Schmidt, habe er bereits in Pressegesprächen von seiner [Traumschiff-]Rolle erzählt, doch die Interviewer hätten es als Witz abgetan und ihm nicht geglaubt«, weiß der WDR.[9]

Was mancher als Konzeptlosigkeit kritisiert, ist nichts anderes als eine überaus erfolgreiche Strategie der Selbstinszenierung: »Ich lebe ja davon, interpretiert zu werden, überinterpretiert, fehlinterpretiert«, meint Schmidt im Gespräch mit André Müller in der Schweizer *Weltwoche*. »Ich lege mir Rollen zurecht für die Öffentlichkeit. Ich habe es gern, wenn ich weiß, welche Vorstellung gleich anfängt«, heißt es in der *Zeit*, und: »Ich bin gern eine Kunstfigur.« Je mehr sich Schmidt einer eindeutigen Festlegung entzieht, desto interessanter wird er für die Öffentlichkeit, desto größer ist die Neugierde, wie er denn »wirklich« sein mag. Das liefert Stoff für unzählige Interviews, Deutungsversuche und Debatten. Dazu passt, dass Schmidt sich in Gesprächen nur selten auf inhaltliche Positionen festlegen lässt. Er widerspricht sich gerne selbst und lässt den Leser ratlos zurück, etwa wenn er in einem Interview mit der *Zeit* 2006 meint, »Ich sage auch nicht, wo es langgeht, weil ich es selber nicht weiß«, um nur zwei Atemzüge später zu behaupten: »Ich bin rechthaberisch. Ich weiß alles besser.« Zuschreibungen wie die, dass er keine Freundschaften pflege oder dass er ein Hypochonder sei, weist er als »kleine Maßnahmen zur Pflege der Marke zurück«, um gleich darauf im selben Interview zu verkünden: »Den Begriff Marke benutze ich nur in Interviews, weil er so nach Medienprofi klingt.«

Für sein erfolgreiches Rollenspiel ist Selbstdisziplin eine unverzichtbare Voraussetzung. Wie auch beim Schauspiel in anderen Berufen geht es nicht um das Ausleben eines von der Muse geküssten Künstlertums. Gutes Rollenspiel ist letztlich gutes Handwerk. Und wenn es richtig gut ist, so ist den Zuschauern gar nicht bewusst, dass »nur« gespielt wird.

Zur Pflege der Kunstfigur Harald Schmidt gehört auch die hermetische Abschottung seines Privatlebens. Auf die simple Frage der *Welt* Anfang 2005 »Warum sind Sie nicht verheiratet?« erfährt man: »Da gibt es drei Antwortmöglichkeiten. Die erste sage ich nur, damit man merkt, dass ich die Pointe noch drauf habe: Ich finde die Ehe zu wertvoll, um zu heiraten. Die zweite Variante wäre: Jetzt drängen Sie doch nicht so. Und die dritte: Vielleicht bin ich längst verheiratet, und es ist nur noch nicht herausgekommen.« Auf hartnäckige Nachfrage empfiehlt Schmidt lapidar den Einsatz eines Telefonjokers. Außerdem bekennt er sich offen dazu, Fragesteller in die Irre zu führen, weil er nie sage »Darauf möchte ich nicht antworten«, sondern »einfach eine Lüge raushaue«, wenn ihm eine Frage nicht passe. Das Gerücht, er genehmige sich schon morgens seine Lieblingsgetränke Wein und Weizenbier, sei entstanden, weil er »aus reinem Spaß eine Zeit lang Teile seiner Biografie neu erfunden und sie in Interviews verbreitet« habe.[10] Kein Wunder, dass er der Journalistin und Schmidt-Biografin Mariam Lau ein Interview verweigerte. Wer sägt schon an dem Ast, auf dem er noch etliche Jahre zu sitzen gedenkt? Wer mit so viel Raffinesse eine öffentliche Figur kreiert hat, kann kein Interesse daran haben, das Publikum einen Blick hinter die Vielzahl seiner Masken werfen zu lassen.

Diese Hofnarrenpose wird von manchen Beobachtern als geniales Spiel mit den Gesetzen der Mediengesellschaft goutiert, andere vermuten inhaltsleeres Getue. André Müllers Verdacht, hinter der Schmidtschen Kunstfigur verberge sich »vielleicht nichts«, kontert der Befragte denn auch (völlig rollenkonform) mit »Möglich. Vielleicht lauert hinter der Maske nur eine gigantische Leere. Das halte ich nicht für unwahrscheinlich.« Harald Schmidt entzieht sich permanent. Damit ist ihm das Kunststück gelungen, eben durch die Zurückweisung jeglicher Rollenschemata eine völlig neue, einzigartige Rolle in der Medienlandschaft zu etablieren. Während andere Erfolgsdarsteller versuchen, möglichst »echt« und

»authentisch« zu wirken, unternimmt Schmidt exakt das Gegenteil und signalisiert immer wieder: »alles Fake« – beispielsweise, indem er seine eigene Late Show in eben dieser als Marionettentheater aufführt. Charismatisch machen ihn dabei einstudierte Posen: gezielter Blickkontakt, kleine Witzeleien, gekonnter Humor und bestellter Applaus. Das macht ihn zu einer permanenten Provokation und verschafft ihm seit vielen Jahren Aufmerksamkeit, Zuschauerquoten und Werbeaufträge.

Rolle 2: Der Zyniker

Typische Harald-Schmidt-Sprüche: »Wir im Ersten, wir sagen nicht Gammelfleisch, wir sagen 50 plus.« Oder, zur Jakobsweg-Mode unter Prominenten: »Warum bleiben wir beim Pilgern stehen? Warum eröffnen wir nicht den großen Promi-Scheiterhaufen? Eines der ganz großen Erfolgsinstrumente der Kirche für viele Jahrhunderte.«[11] Äußerungen wie diese haben ihm nicht nur Proteste des »Büros gegen Altersdiskriminierung e.V.« eingetragen, sondern auch den Titel »Chefzyniker des deutschen Fernsehens«. Anders als die frauenfeindlichen Sprüche oder flachen Polenwitze eines »Dirty Harry« der frühen *Harald Schmidt Show* liefert das zynische Bonmot einen intellektuellen Mehrwert. Allgemeinbildung schadet jedenfalls nicht, wenn man den Tabubruch richtig genießen will. So kann man im Gammelfleisch-Gag auch eine Anspielung auf den Proporz- und Konsenswahn öffentlich-rechtlicher Rundfunkanstalten vermuten, und die Anfang 2008 bei *Schmidt & Pocher* ausgerufene Kampagne »Deutsche, kauft nicht bei Finnen!« (zur geplanten Schließung des Bochumer Nokia-Werkes) ist ohne die historische Folie nur ein müder Witz. Der Tabubruch funktioniert erst durch den intertextuellen Bezug zur Nazipropaganda.

Zumeist wird »zynisch« als »bissig-pietätlos, schamlos-spöttisch« definiert. Dem Zyniker ist nichts heilig, er nimmt die durch den Tabubruch ausgelöste Empörung nicht nur in Kauf, sondern sucht sie geradezu. Kein Wunder, dass Schmidts Sympathiewerte deutlich unter denen eines Günther Jauch liegen, der in einer Imas-Umfrage zu positiven Werbefiguren eine »Sympathiequote« von 69 Prozent erzielte. Schmidt kam gerade einmal auf 36 Prozent. Ob Zynismus primär in der eigenen Relativierung sämtlicher Werte wurzelt oder vielmehr in einer Enttäuschung über den amoralischen Lauf der Welt, daran scheiden sich die Geister. Oscar Wilde scheint der zweiten Meinung gewesen zu sein: »Ich bin durchaus nicht zynisch, ich habe nur meine Erfahrungen, was allerdings ungefähr auf dasselbe hinauskommt.«

Ein Zyniker demaskiert Heuchelei und falsches Pathos. Auf den Rauswurf Eva Hermans durch Johannes B. Kerner reagierte Schmidt in seiner Show mit einem »Nazometer«, das bei dem Satz »Ich bin auf der Autobahn geblitzt worden« heftig ausschlug, die Äußerung »Die Nazis waren politisch die Hölle, aber ihre Uniformen irgendwie geil« aber problemlos durchgehen ließ. Herman hatte, wie ungezählte Stammtischbesatzungen vor ihr, die durch die Nazis gebauten Autobahnen gelobt und damit reflexhafte Gutmenschempörung ausgelöst. Ob die wirklich immer mit historischer Sensibilität gekoppelt ist, kann man mit Recht bezweifeln. Schmidts Reaktion auf den 11. September 2001 geht in eine ähnliche Richtung. Nach einer zweiwöchigen Sendepause zitierte er die häufigsten Sätze der letzten Tage: »Wie hat der DAX reagiert?« und »Wir dürfen uns nicht der Gewalt beugen, Rückkehr zur Normalität!«, um dann zu fragen: »Was soll das heißen? Die Frau weiter schlagen? Weiter saufen?«

In der Rolle des Zynikers bekommt die Kunstfigur Harald Schmidt, das schillernde Vexierbild, plötzlich Konturen. Kein Wunder, dass Schmidt diese Charakterisierung zurückweist, weil sie die Marketingstrategie der Unberechenbarkeit konterkariert: »Nichts wird so inflationär gebraucht wie das Wort zynisch. Vielleicht noch faschistisch, das kommt aber so langsam ein bisschen aus der Mode.«[12] Doch es kommt noch schlimmer: Ist Harald Schmidt am Ende gar ein verkappter Moralist?

Rolle 3: Der verkappte Moralist?

Ein Kollege von ihm soll gesagt haben, Harald Schmidt sei kein Kabarettist, denn »Kabarettist zu sein bedeutet, eine Haltung zu haben«.

Die *taz* unterstellt ihm im Februar 2006 »Eskapismus«, da er »keine Position anbiete«. Doch bei aller Beliebigkeit gibt es tatsächlich ein paar Dinge, die selbst Harald Schmidt heilig zu sein scheinen. »Können Sie uns einen schönen Islamwitz erzählen?«, fragt die *taz*. Schmidt lehnt kategorisch ab: »Nein. Davon lasse ich die Finger. Das ist mir zu heikel.« Seine Begründung: »… mittlerweile ist das nicht mehr zu steuern. In einer kleinen dänischen Zeitung erscheint die Karikatur und in Indonesien wird die dänische Botschaft gestürmt.« Wenig Geschmack findet er auch an einem Zynismus à la Donald Rumsfeld, wie er 2005 der *Welt* offenbarte: »Weil Rumsfeld eine Art von Zynismus hat, die dazu führt, dass sehr viele Kims, Luigis, Josés und andere 21-jährige Einwandererkinder aus den ärmsten Gegenden der USA im Sarg aus dem Irak zurückkehren.«

Das könnte fast vom permanent echauffierten Dieter Hildebrandt stammen. Und selbst der brachiale Zynismus Schmidtscher Prägung reibt sich ja an einer unzulänglichen Wirklichkeit. Nur reagiert Schmidt darauf nicht mit dem erhobenen Zeigefinger der Gutmenschen oder dem leicht einzuordnenden Spott des Kabarettisten, sondern mit der »brutalstmöglichen« verbalen Keule, dem hemmungslos überspitzten Tabubruch – immer mit der Gefahr des Missverstanden- oder Nichtverstandenwerdens.

Es könnte also auch einen etwas anderen Schmidt geben – den, der für sich reklamiert, »nie Menschen mit einer Gehaltsstufe unter zehntausend Euro bloßgestellt« zu haben, oder den, der sich im Interview mit Günter Gaus zu einer »konservativen Grundhaltung« bekennt und darunter »ein klares Wertesystem« verstanden wissen will: »eine intakte Familie, eine klassische Ausbildung der Kinder, also eine möglichst optimale Ausbildung, dazu gehört das Erlernen eines Instruments und im Groben auch die Orientierung am Christentum«. Vielleicht ist aber auch das wieder nur eine Pose, diesmal die des Bildungsbürgers, und die Ablehnung von Islamwitzen eher Feigheit als Verantwortungsbewusstsein? Und möglicherweise ist der Versuch, Harald Schmidt doch noch eine klare Rolle auf der öffentlichen Bühne zuzuweisen, nicht mehr als ein Beleg für das unausrottbare Bemühen, Eindeutigkeit zu schaffen – ein Wunschbild, eine bloße Projektion.

Fazit: Warum Schmidt sich seit zwei Jahrzehnten behauptet

Erinnern Sie sich noch an Komiker wie Karl Dall, Herbert Feuerstein oder Emil Steinberger? Sicherlich haben sie immer noch Fans, aber ihre beste Zeit scheint vorbei. Auch wer von den heute angesagten Comedians à la Michael Mittermeier in zehn Jahren noch gefragt sein wird, ist schwer vorherzusagen. Harald Schmidt dagegen steht seit 20 Jahren auf der Bühne und hat seinen Marktwert stetig gesteigert. Seine Erfolgsprinzipien:

Harald Schmidt hat sich eine einzigartige Rolle auf den Leib geschneidert Die »Kunstfigur«, wie Harald Schmidt den Part, den er öffentlich spielt, selbst nennt, hat keine Vorbilder in der deutschen Medienlandschaft. Schmidt ist nicht »so ähnlich wie« irgendjemand anderer, Schmidt ist Schmidt. Indem er sich als unberechenbarer Alleskönner und Allesmacher inszeniert, sorgt er dauerhaft für Gesprächsstoff. Einen ähnlichen Weg geht allenfalls Stefan Raab, der mal als Turmspringer, mal als Boxer oder Musiker jedoch andere Zielgruppen bedient. Der eindimensionalen Figur, die andere Kabarettisten oder Moderatoren sich als Alter Ego zulegen, kann man irgendwann überdrüssig werden, Schmidt überrascht dagegen einfach durch eine neue Kapriole und bleibt spannend. Er zeigt überdies so viele Seiten, dass fast jeder *eine* Seite finden kann, die ihn anspricht – sei es die des hemmungslosen Zynikers, die des ernsthaften Schauspielers oder auch die des *Traumschiff*-Passagiers. Rollen müssen also nicht notwendigerweise starr sein, man kann auch den Wandel zum Prinzip erklären. Auf andere Weise hat das Madonna vorgemacht, die sich als Bühnenfigur ebenfalls immer wieder neu erfindet. Die eigentlich spannende Frage ist, wie viel Spielraum eine Rolle zulässt – wie viel man seinem Publikum zumuten kann, ohne dass es sich ratlos abwendet.

Die Kreation einer völlig neuen, singulären Rolle ist vermutlich die Ausnahme und in der Medienwelt sicher eher denkbar als im Unternehmenskontext. Gestaltungsfreiräume gibt es jedoch auch dort, man muss sie nur ausloten. Wie stark man sich für eine Rolle »verbiegen«

muss, hängt nicht allein vom Umfeld und vom eigenen Naturell ab, sondern auch vom persönlichen Mut, individuelle Wege in einem abgesteckten Rahmen zu suchen.

Harald Schmidt vermeidet es, durchschaubar zu werden Wenn es einen extremen Gegenpol zu Authentizität gibt, hält Schmidt ihn besetzt. Die Neugier auf den »Menschen Schmidt« ist gerade deshalb so groß, weil Schmidt sich konsequent weigert, das Rätselraten um seine Person zu beenden und zu offenbaren, wie er »wirklich« ist. Statt reiner Authentizität regiert die Kunstfigur. Das durchzuhalten ist für sich genommen schon eine hohe Kunst und deshalb kaum zur Nachahmung geeignet. Es lenkt die Aufmerksamkeit jedoch auf einen interessanten Aspekt: Wer sich dem Ansinnen der Authentizität (und damit der Berechenbarkeit) verweigert, behält die Fäden in der Hand, er kann das Spiel in seinem Sinne gestalten.

Die Waagschale der Macht neigt sich zu unseren Gunsten, wenn wir nicht völlig durchschaubar sind. Eine Rolle anzunehmen und mit Leben zu füllen bedeutet auch, sein Verhalten strategisch zu steuern und sich nicht zum naiven Spielball der Interessen anderer zu machen. Nichts anderes ist gefragt, wenn man im Unternehmensalltag bestehen und sich in der Hierarchie entwickeln will.

Harald Schmidt ist kein Sympathieträger und dennoch erfolgreich Während Wendelin Wiedeking beim »Mann auf der Straße«, bei den Medien, in der Politik gleichermaßen als Vorzeigemanager gilt und sich allgemeiner Beliebtheit erfreut, demonstriert Schmidt, dass Erfolg auch dann machbar ist, wenn man nicht den Promi zum Anfassen gibt. Auch bei seinem intellektuellen Stammpublikum dürfte er vielfach eher Bewunderung genießen als Zuneigung hervorrufen. Wenn Sympathie »wahrgenommene Ähnlichkeit« ist, kann Schmidt auch schwerlich sympathisch wirken: Dank seiner Unkalkulierbarkeit verweigert er Identifikationsmöglichkeiten konsequent. Man muss ihn nicht mögen, aber man kann kaum bestreiten, dass er das Geschäft der Unterhaltung hervorragend versteht. Das legt den Schluss nahe: Wer seine Rolle klug anlegt und souverän beherrscht, gewinnt auf jeden Fall Respekt, vielleicht auch Bewunderung. Das kann – gerade für Führungsrollen – wertvoller sein als distanzlose Sympathie.

Anregungen zur Selbstreflexion

- Menschen lieben Eindeutigkeit, Berechenbarkeit, weil sie die Illusion des »Authentischen« vermitteln. Wie eindeutig sind Sie für Ihre Umgebung?
- Eine Rolle aktiv zu gestalten – wie es die Erfolgsdarsteller auf der öffentlichen Bühne inszenieren – bedeutet auch: das Heft des Handelns in der Hand zu behalten, die Situation stärker zu kontrollieren. Lohnt es sich für Sie unter diesem Aspekt, Ihr Auftreten in verschiedenen Rollen noch einmal zu überprüfen?
- Welche Rollen nehmen Sie wahr, mit denen Sie sich bisher nur wenig anfreunden konnten? Wie viel individuellen Gestaltungsraum lassen diese Rollen bei distanzierter Betrachtung möglicherweise zu?

3

Der Blick hinter die Kulissen: Warum wir alle Rollen spielen

»Der Schauspieler schickt sich in die Rolle, wie er kann,
und die Rolle richtet sich nach ihm, wie sie muss.«
Johann Wolfgang Goethe (Wilhelm Meisters Lehrjahre)

Von sozialen Rollen als Zwangsjacken und als Entwicklungschancen, von der Unmöglichkeit, aus dem Rollenspiel ganz auszusteigen, und vom heimlichen Verschwörertum beim gemeinsamen Rollenspiel. Von gesellschaftlichen Rollenerwartungen, typischen Rollenkonflikten und vom komplizierten Verhältnis von Rolle(n) und Persönlichkeit.

Rollen als soziale Spielregeln

Nehmen wir einen ganz normalen Tag im Leben des sozial integrierten und beruflich ambitionierten Mitteleuropäers. Nach der Morgenroutine von Aufstehen – Dusche – Anziehen gilt es, die Kinder für den Schulweg auszurüsten, kleine Trödler sanft anzutreiben, Pausenbrote zu schmieren, sich fürsorglich zu erkundigen, wenn jemand am Frühstückstisch ganz bedrückt wirkt. Anschließend im ICE führen wir normalerweise eine Fahrkarte dabei, vermeiden es, anderen näher als unbedingt nötig zu rücken, und stehen für ältere und gebrechliche Menschen höflicherweise auf. So weit, sich zu erkundigen, ob der Sitznachbar auch an alle notwendigen Unterlagen für seinen Arbeitstag gedacht hat oder warum das Gegenüber hier ebenfalls missmutig wirkt, geht unsere Fürsorge in dieser Situation allerdings nicht. Am Arbeitsplatz starten wir möglicherweise mit etwas Kollegen-Small-Talk. Sobald das Telefondisplay jedoch einen wichtigen Kunden ankündigt, straffen wir den Rücken und setzen unsere dynamische Telefonstimme auf. Und wenn wir eben noch über Rückenschmerzen geklagt haben, geht es uns gegenüber unserem Key-Account auf Nachfrage natürlich blendend. Die Fortsetzung des gerade unterbrochenen Erfahrungsaustausches über Akupunktur vertagen wir auf die Mittagspause. Sollte am Nachmittag ein abteilungsübergreifendes Meeting in Anwesenheit der Geschäftsführung anstehen, haben wir das schon morgens beim Griff in den Kleiderschrank berücksichtigt. Nicht im Traum kämen wir auf die Idee, den CEO in dieser Sitzung kumpelhaft zu duzen, und ebenso absurd wäre es, sich abends beim Sport mit der Vereinsmannschaft per Sie Kommandos zuzurufen.

Rollen definieren die Spielregeln sozialen Zusammenlebens, und zwar unabhängig vom jeweils Handelnden. Der Minimalkonsens der akademischen Rollendiskussion, die von Soziologie, Sozialpsychologie und Psychologie geführt wird, besteht darin, dass soziale Rollen »Bündel normativer Verhaltenserwartungen [sind], die sich an das Verhalten von Positionsinhabern richten«[13]. Wir wissen, was von uns erwartet wird – als Mutter oder Vater, als Verkehrsteilnehmer, als Kollege, als Dienstleister, als Mitarbeiter oder Vorgesetzter, als Sportkollege. Sobald wir mit anderen Menschen in Interaktion treten, können wir normalerweise auf ein vertrautes Raster von Verhaltensnormen zurückgreifen. Wie umfassend und sicher dieses Wissen über gesellschaftliche Erwartungen ist, hängt davon ab, wie vertraut uns eine Rolle bereits ist: Als erfahrene Führungskraft agieren wir anders als in den ersten Wochen nach der Beförderung, bei und nach der Geburt des dritten Kindes souveräner als beim ersten. Aber um völlig ratlos zu sein, welches Verhalten in einer bestimmten Situation angemessen wäre, müssten wir uns schon einer Expedition nach Papua-Neuguinea anschließen, um dort unvorbereitet auf einen noch unerforschten Stamm zu treffen.

Auch wenn Rollen im Zuge der Authentizitätsdebatte gern unter den Pauschalverdacht gesellschaftlicher Zwangsmaßnahmen gestellt werden: Ohne die Definition sozialer Rollen wären moderne, arbeitsteilige Gesellschaften kaum möglich. Sogar Ameisenstaaten können nur existieren, wenn die Rollenverteilung zwischen Arbeiterinnen und Königin funktioniert, und schon im Neandertal dürften zumindest Geschlechts- und Altersrollen differenziert worden sein. Der Mensch als gesellschaftliches Wesen kann den Ansprüchen der Gesellschaft nicht entgehen, und diese Ansprüche gerinnen in Rollenmodellen. Noch da, wo sich der Einzelne gesellschaftlichen Erwartungen radikal verweigert, bestätigt er sie indirekt und muss womöglich mit ansehen, wie seine einsame Rebellenpose über kurz oder lang zum neuen Rollenvorbild erstarrt. Der erste Punk verstieß vielleicht noch gegen alle Regeln seiner bürgerlichen Umgebung. In dem Moment, als er Nachahmer fand, hatte er selbst Regeln etabliert, wie man als Punk aufzutreten, was man anzuziehen und wie man sich zu verhalten hatte. Es scheint das Schicksal von Protestbewegungen zu sein, selbst wieder Normen zu kreieren und Rollenvorbilder bereitzustellen, von den »Halbstarken« der Fünfzigerjahre über die »Hippies« der Sechziger bis zu den »Grufties« der Neunziger. Schon Goethes Werther konnte als empfindsamer Einzelgänger nur kurze Zeit allein bestehen; der Roman löste 1774 ein regelrechtes »Werther-Fieber« aus, das Heerscharen junger Männer gelbe Westen und blaue Röcke tragen ließ und sie zu gefühligen Auftritten inspirierte. Die Welle der Nachahmer-Suizide führte zu einer Indizierung des Werkes auf dem sich entwickelnden europäischen Literaturmarkt. Ralf Dahrendorf, Nestor der soziologischen Rollendiskussion in Deutschland, spricht daher von der »ärgerlichen Tatsache« der Gesellschaft: »Die Tatsache der Gesellschaft ist ärgerlich, weil wir ihr nicht entweichen können.«

Je komplexer eine Gesellschaft ist, desto mehr Rollenangebote hält sie bereit und desto vielfältiger sind die Rollen, die ihre Mitglieder ausüben (können). Eine moderne Industriegesellschaft würde ohne einen sozialen Grundkonsens, wer sich wann und in welcher Situation wie zu verhalten hat, nicht funktionieren. Teilweise hochkomplexe Normen – Gesetze, Verkehrsregeln, kulturelle Wertvorstellungen, Umgangsformen –

steuern unser Verhalten und verhindern, dass wir pausenlos aushandeln müssen, wie wir miteinander umgehen. Menschen, die sich diesem Kanon verweigern, werden entweder in Subkulturen integriert oder landen in extremen Fällen hinter den Mauern von Gefängnissen und psychiatrischen Kliniken. Und dennoch ist nicht von der Hand zu weisen, dass soziale Rollen ein Element der Domestizierung enthalten: Sie legen der Individualität Fesseln an, zumindest kanalisieren sie das Freudsche »Es« in Über-Ich-konforme Schablonen. Werfen wir also einen genaueren Blick auf die beiden Seiten der Rollen-Medaille.

Rollen als gesellschaftlicher »Zwang«

Dahrendorf macht aus der Janusköpfigkeit sozialer Rollen keinen Hehl: »Die Rollenerwartungen, die zu lernen unsere Gesellschaft uns auferlegt, können unser Wissen vermehren; sie können uns aber auch zu Verdrängungen zwingen, in Konflikte führen und damit im tiefsten berühren«, schreibt er im *Homo Sociologicus.* Rollen sind für Dahrendorf das unverzichtbare Scharnier, das den Einzelnen und die Gesellschaft miteinander verzahnt. Gleichzeitig ist die Verinnerlichung von Rollenerwartungen durch das Individuum jedoch ein Instrument der gesellschaftlichen Zurichtung: »Für Gesellschaft und Soziologie ist der Prozess der Sozialisierung stets ein Prozess der Entpersönlichung, in dem die absolute Individualität und Freiheit des Einzelnen in der Kontrolle und Allgemeinheit sozialer Rollen aufgehoben wird.«

Offenkundig wird der einschränkende Charakter von Rollenerwartungen beispielsweise, wenn in ländlichen Regionen im Süden der Republik Mädchen bis heute trotz sehr guter Schulnoten nicht auf das Gymnasium geschickt werden: »Für Mädchen reicht die Realschule, weil die später eh Kinder kriegen und höchstens noch halbtags arbeiten«, beschreibt der Beratungslehrer einer bayrischen Schule im *Spiegel* 2007 die vorherrschende Meinung. Und wie verheerend eine mit der Persönlichkeit in Konflikt geratene »Berufsrolle« sich auswirken kann, zeigt das Beispiel homosexueller Fußballprofis. Obwohl circa 10 bis 15 Prozent der Bevölkerung als homosexuell gelten, gibt es in der

Bundesliga keinen einzigen Spieler, der sich öffentlich dazu bekennt. »Schwul sein« verträgt sich ganz offensichtlich nicht mit traditionellen Männlichkeitsvorstellungen und männerbündnerischen Strukturen, wie sie in den Vereinen gepflegt werden. »Man darf ja mit keiner Geste oder Äußerung seine Neigung erkennbar machen, denn das gefährdet die Karriere, für die ein Spieler sein Leben lang gearbeitet hat. Deswegen haben Spieler so viel Angst vor Entdeckung – das kostet Kraft, Selbstbeherrschung und tut richtig weh«, meint der homosexuelle Ex-Zweitliga-Spieler Marcus Urban in einem Interview mit der *Welt* Ende 2007 und bejaht, dass einige der schwulen Profis »ein Doppelleben mit Alibifrauen« führten. Dass man auch im Sport die Vorstellung zu liefern hat, die das Publikum von einem erwartet, bestätigt ein anderer (heterosexueller) Profifußballer, Jimmy Hartwig, der im *Spiegel* im März 2007 offen bekennt: »Als Fußballer war ich auch ein Schauspieler: In meiner Glanzzeit beim Hamburger SV habe ich aus dem Torjubel eine Show gemacht. Theater ist meine Leidenschaft.«

Homosexualität ist daneben auch ein Musterbeispiel für den Wandel gesellschaftlicher Rollen: Das Outing schwuler Politiker (wie Ole von Beust, Guido Westerwelle oder Klaus Wowereit) schlägt zumindest in Parteien links vom äußersten rechten Rand kaum noch Wellen. Noch vor 40 Jahren wäre das undenkbar gewesen. Auch bei Moderatorinnen wie Anne Will oder Professorinnen wie Miriam Meckel, die sich Ende 2007 als Paar vorstellten, legte sich das öffentliche Interesse rasch wieder. Und bei Designern, Modeschöpfern oder Starfriseuren erwartet man eine homosexuelle Orientierung beinahe.

Rollen sind also nicht statisch, sondern entwickeln sich im Laufe der Zeit. Für derartige Rolleninnovationen bedarf es allerdings mutiger Einzelner, die als Vorreiter mit existierenden Rollenerwartungen brechen. Die ersten Frauen an den Universitäten und in klassischen »Männerberufen« brauchten ein ebenso starkes Selbstvertrauen wie die ersten »Hausmänner« auf den Spielplätzen der Großstädte. Es gibt keinen sozialen Determinismus, denn sonst wäre sozialer Wandel unmöglich. Das wiederum führt zu der Frage, wie das Verhältnis von »Persönlichkeit« und »Rolle(n)« präzisiert werden kann. Ganz so bruchlos, wie Dahrendorf anklingen lässt, funktioniert das Einschwören auf soziale

Normen offensichtlich nicht. (Mehr dazu finden Sie am Ende dieses Kapitels.) Gleichzeitig demonstriert das Beispiel homosexueller Fußballprofis, welche psychischen Kosten damit verbunden sein können, sich auf Rollen einzulassen, die nicht von der eigenen Persönlichkeitsstruktur gedeckt sind. Weniger dramatische Beispiele lassen sich im Alltagsumfeld entdecken – von Führungskräften, denen es an der in einem wettbewerbsorientierten Umfeld erforderlichen Durchsetzungsstärke und Konfliktfähigkeit mangelt, über eher sachorientierte Kundenberater, die ihr Gegenüber mit Fachjargon und technischen Produktdetails regelmäßig in die Flucht schlagen, bis zu gut ausgebildeten Vollzeitmüttern, die mit der »freiwilligen« Aufgabe ihres Berufs nun doch nicht ganz glücklich sind. Sie alle hadern in der einen oder anderen Form mit Rollenanforderungen.

Soziale Rollen können also als Zwang, als Zumutung an das Ich erlebt werden, mit entsprechenden seelischen Kosten. Zwischen Person und Rolle klafft dauerhaft ein Spalt, der die Ausübung der Rolle zu einer schmerzhaften Anstrengung macht. Im anderen Extrem können einmal übernommene Rollen so in Fleisch und Blut übergehen, dass das dort erwünschte Verhalten auf das Auftreten in anderen Lebensbereichen abfärbt. Eine solche *déformation professionelle* sagt man diversen Berufsgruppen nach. Bei Lehrern heißt es: »Der liebe Gott weiß alles. Lehrer wissen alles besser.« Aber auch der Manager, der zu Hause das Familienleben unter Effizienzgesichtspunkten durchzuorganisieren versucht und Gespräche nur noch unter dem Diktat der Ergebnisorientierung zu führen vermag, überträgt die Anforderungen der Berufsrolle unreflektiert auf sein Privatleben. Loriot nutzt diese Konstellation in seiner Komödie *Pappa ante portas* für eine Fülle von Verwicklungen, etwa wenn der pensionierte Einkaufsleiter beginnt, den heimischen Haushalt zu reglementieren und gleich den Senf im Supermarkt palettenweise ordert, weil so ein unschlagbar günstiger Preis zu erzielen ist. Jenseits solcher Übertreibungen geht vermutlich mancher häusliche Krach auf das Konto verfehlter Rollentransfers, beispielsweise, wenn die eine Seite »einfach reden« möchte und die andere Seite dieses Bedürfnis übersieht und stattdessen wie im Büro zügig Lösungen anbietet (»Schön, dass wir reden, Schatz, aber was ist deine Message?«).

Die Rollen, die wir spielen, wirken also zurück auf unsere Person – soziale Rollen können dauerhaft als fremd erlebt, aber auch zur zweiten Haut werden. Dann nimmt unser Charakter die Farbe unserer Rollen an. Auf jeden Fall verlangt jede Rolle neue Verhaltensweisen von uns und bietet daher potenziell auch die Chance einer persönlichen Weiterentwicklung.

Rollen als Entwicklungsmöglichkeiten

Weil das Heranwachsen mit der Übernahme von zusätzlichen Rollen einhergeht, ist jede neue Rolle für das Individuum auch ein Sich-Erproben in neuen Kontexten und damit eine Lernmöglichkeit. Die Begeisterung, mit der Kinder Erwachsenenrollen durchspielen (Vater/Mutter/Kind, Kaufladen, Kinderpost, Räuber und Gendarm ...), zeugt von diesem Spielraum, den Rollen eröffnen und der bereits von Vierjährigen eifrig genutzt wird. Rollenspiele bereiten Kinder aufs Leben vor. Der Spieltrieb ist uns also angeboren und verleiht auch im Erwachsenenalter bisher weniger gezeigten Wertestrukturen unseres Ichs Ausdrucksmöglichkeiten. Sie gießen die multiple Persönlichkeit, die wir laut Friedemann Schulz von Thun alle besitzen, in nach außen sichtbare Formen, die sich in den gesellschaftlichen Kontext einfügen. Mit anderen Worten: »Das Seelische wohnt nicht innen, es zeigt sich erst in unseren Werken«, wie die Psychologin Linde Salber resümiert.

Jeder Lebensabschnitt ist von neuen Rollen begleitet, der des Schulkinds, des Auszubildenden oder Studenten, des Berufseinsteigers, des Teamleiters, des Abteilungsleiters und so weiter. Nicht zufällig beschreibt Shakespeares berühmter Monolog »Die ganze Welt ist eine Bühne« aus *Wie es euch gefällt* das Leben als Abfolge von Alters- und Berufsrollen, vom Kind, Knaben und Verliebten über den Soldaten (»Voll toller Flüch und wie ein Pardel bärtig,/Auf Ehre eifersüchtig, schnell zu Händeln«), den Mann in der Lebensmitte, hier ein Richter (»Im runden Bauche, mit Kapaun gestopft,/Mit strengem Blick und regelrechtem Bart«) bis zum »besockten, hagern Pantalon« im sechsten und der »zweiten Kindheit« im siebten Lebensjahrzehnt. Mit der Übernahme von Aufgaben und Funktionen (Klassensprecher, Jugendtrainer, Vereinsvorsitzender, Parteimitglied, …) sind Rollen verbunden, die neue Erfahrungen ermöglichen und die Persönlichkeitsentwicklung fördern können. Die Lebensweisheit, man könne »mit seinen Aufgaben wachsen«, wird jeder bestätigen, der einen schwierigen Karriereschritt erfolgreich bewältigt und sich eine neue Rolle angeeignet hat. Wer sein Verhaltensrepertoire zu erweitern vermag, findet in einem Rollenwechsel ideale Lernbedingungen.

Mit den Fortschritten der Computertechnik stehen uns heute zudem Möglichkeiten offen, völlig risikolos in neue und aufregende Rollen zu schlüpfen. Der enorme Erfolg von Spielen wie SIMS oder Second Life belegt den innersten Wunsch von Menschen nach Rollenspielen. SIMS erscheint für Millionen von Usern faszinierend. Das Thema ist das wahre Leben. Vor dem Computer hat man die Freiheit, die einzelnen Figuren des Spiels mit Persönlichkeitszügen auszustatten, sie zum Beispiel als extravertiert und lebhaft darzustellen, ihnen Wohnungen einzurichten, Freunde zu besorgen und so weiter. Man kann sogar das Leben beschleunigen oder verlangsamen. Der virtuelle Mensch wird zum Stellvertreter der Spieler. Ohne ein Risiko einzugehen, kann man dieses alternative Leben ausprobieren: Was wäre, wenn … Wünsche und Fantasien werden durch die SIMS-Familie ausgelebt. Plötzlich hat man Geschwister, die man nie hatte, durchlebt in der Realität des Alter Ego riskante Abenteuer. Ähnlich funktioniert das Kultspiel Second Life. Man erschafft sich einen Avatar, ebenfalls eine Art Alter Ego. Das zweite Ich hört auf die Cursorbefehle des ersten. Man kann den Avatar ausstatten mit Designerkleidung, Muskeln und Traumhaus. Träume werden ausgelebt jenseits des weniger aufregenden realen Alltags. Beides beweist die große Sehnsucht vieler Menschen nach einem zweiten Leben, dem Bedürfnis nach Identitätswechsel, nach einer wenigstens vorübergehenden Befreiung von realen Zwängen. Untersuchungen zufolge gilt dies vor allem für eher schüchterne, sozial ängstliche und zurückhaltende Personen. Sie wagen im Netz, was sie sich im Alltag nicht trauen. Statt das Rollenspiel im wirklichen, echten Leben als »unehrlich« zu diffamieren, kann man in ihm daher den Selbstausdruck reifer, erwachsener Persönlichkeiten sehen, die ihre Entwicklungsmöglichkeiten nicht auf die Flucht in irreale Computerwelten beschränken. Schließlich ist der Mensch nichts anderes als das, wozu er sich macht, wie schon Sartre bemerkte.

Interessant ist die Frage, wie viele Rollen eine Person parallel ausleben kann, ohne sich zu überfordern. Der massenhafte Egotrip der globalen Spaßgesellschaft führt auch zum Ausprobieren temporär schicker Rollen. Lothar Seiwert, beredter Experte für Zeitmanagement und »Life Leadership«, empfiehlt, die Zahl der parallel ausgeübten »Lebensrollen« auf sieben zu begrenzen. Wer zu viele Rollen gleichzeitig wahrnehme, spiele »nirgends eine Charakterrolle« und sei »überall nur Komparse«. Seiwerts Empfehlung: »Legen Sie alle Nebenrollen ab, die nicht zur Erreichung Ihrer Ziele beitragen, und konzentrieren Sie sich auf Ihre Haupt- und Lieblingsrollen.« Der Zahl »Sieben« haftet dabei ein Moment der Willkür an, da manche Rollen (wie die Eltern- oder Führungsrolle) weit zeitraubender sind als andere (wie etwa »Schatzmeister im Sportverein« oder »Pressebeauftragter in der Bürgerinitiative«). Doch Seiwerts Modell der Lebensrollen lenkt die Aufmerksamkeit darauf, dass unterschiedliche Bedürfnisse in verschiedenen Rollen ausgelebt werden können und dass im gezielten Besetzen solcher Rollen der Schlüssel zu einem balancierten, ausgewogenen Leben liegt – ein Gedanke, der im sechsten Kapitel vertieft wird.

Rollen eröffnen also die Möglichkeit, bestimmte Seiten der eigenen Persönlichkeit gezielt auszuleben und schaffen Erfahrungsräume. Darauf setzt auch die Nutzung von Rollenspielen in Verhaltenstrainings und Seminaren. Der Vorwurf, wer hier beispielsweise ein Konfliktgespräch oder ein Jobinterview simuliere, schaffe irrelevante Kunstsituationen unter dem Deckel einer Käseglocke, trifft nicht zu: Es geht um die Einübung eben jenes Rollenverhaltens, das später im Berufsalltag auch gezeigt werden muss. Die angehende Führungskraft, die sich hier auf typische Führungssituationen vorbereitet, probt ihre Führungsrolle mit der gleichen Berechtigung wie ein Schauspieler, der sich in den Theaterproben auf die eigentliche Aufführung vorbereitet. Dass mit der Übernahme von Rollen Verhaltensweisen eingeübt, neue Möglichkeiten individueller Entfaltung geschaffen,

Konfliktursachen aufgedeckt oder Kommunikationsstörungen behoben werden können, liegt auch therapeutischen Ansätzen wie dem Psychodrama zugrunde. Für dessen Begründer, den Wiener Psychiater und Soziologen Jakob L. Moreno, verwirklicht sich die Persönlichkeit eines Menschen »in Umfang und Qualität ihres Bezugssystems und Vielfalt und Beweglichkeit ihres Rollenrepertoires«. Neuere Trainingsansätze wie das Unternehmenstheater weisen in dieselbe Richtung und sehen im konkreten Ausagieren von Situationen die Möglichkeit, emotionale Lernsituationen zu schaffen, individuelle Fähigkeiten und Kompetenzen (weiter) zu entwickeln und die Kreativität zu fördern. Und auch die *Six Thinking Hats* des Kreativitätsexperten Edward de Bono basieren auf dem positiven Potenzial, das im Einnehmen unterschiedlicher Rollen steckt. In der Gruppendiskussion werden den Teilnehmern farbige Hüte zugeteilt, die unterschiedliche Denkweisen repräsentieren – analytisches Denken (weiß), emotionales (rot), kritisches (schwarz), optimistisches (gelb), kreatives (grün) und ordnendes (blau). Das bewusste Argumentieren aus den jeweiligen Rollen heraus beugt Konflikten vor und fördert die Kreativität.

All diese didaktischen und therapeutischen Methoden wären kaum zugänglich zu machen, wenn im Menschen die Neigung, bestimmte Rollen zu übernehmen und aus ihnen heraus zu handeln, nicht ohnehin angelegt wäre. Einmal im Jahr nutzen sogar Millionen Menschen begeistert die Chance, in Rollen zu schlüpfen, die ihnen im Alltag verwehrt bleiben, und nennen das Karneval oder Fasching. Diese Lust am Rollentausch lässt sich bis zu den Saturnalien der römischen Antike zurückverfolgen und auch in anderen Kulturen nachweisen. Wir erobern die Welt, indem wir uns in unterschiedlichen Rollen in die Gesellschaft einbringen. Für Schiller ist der Mensch erst dort ganz Mensch, wo er spielt. In dem Moment, in dem wir mit anderen interagieren, wird unser Handeln stets auch davon bestimmt, wie wir auf andere wirken möchten, was wir erreichen wollen und welche Spielregeln oder Normen wir dabei befolgen müssen. Gäbe es keine Rollenangebote, ständen wir vor der schwierigen Aufgabe, unser Verhalten komplett selbst zu prägen, uns quasi täglich neu zu erfinden. »Ob der Mensch in der Lage wäre, sein gesamtes Verhalten ohne die Assistenz der Gesellschaft selbst schöpferisch zu gestalten, ist eine spekulative Frage, die überzeugend zu beantworten kaum möglich ist«, meint Dahrendorf dazu skeptisch und vermutet, es sei »zumindest denkbar, dass der sämtlicher Rollen entkleidete Mensch es schwierig finden würde, seinem Verhalten sinnvolle Muster aufzuprägen«. Andere, wie etwa Schulz von Thun, gehen noch weiter und vermuten hinter der von Rollenschablonen entblätterten menschlichen Fassade ein großes Nichts – das entkernte Selbst.

Rollen zu spielen ist also nicht per se gut oder schlecht, sondern schlicht unvermeidbar. Entscheidend ist vielmehr, ob die Rollenangebote, aus denen wir wählen, zu uns passen – und wie wir sie mit Leben füllen, was wir daraus machen.

Erkenntnisse der Rollentheorie

Der Begriff der Rolle ist im Alltag so allgegenwärtig, dass er scheinbar keiner Erläuterung bedarf. Ganz selbstverständlich sprechen wir von Elternrollen, Führungsrollen oder Teamrollen, von Alters- und Geschlechtsrollen, von der Rolle, die jemand im Sportclub oder in der Öffentlichkeit spielt. Schwierig wird es erst, wenn man versucht, dieses intuitive Verständnis zu präzisieren: Was konstituiert eine Rolle? Wie kann man verschiedene Rollen sinnvoll gegeneinander abgrenzen? Lassen sich unterschiedliche Rollen einander hierarchisch zuordnen – sind etwa »Mutter«, »Geliebte«, »Partnerin« und »Abteilungsleiterin« potenzielle Subrollen der übergeordneten Rolle »Frau«? Sollte man Ad-hoc-Rollenzuweisungen – etwa die Rolle des »Sündenbocks«, des »Quertreibers« oder des »Klassenclowns« – nicht von übergeordneten gesellschaftlichen Rollen abgrenzen? Ist es sinnvoll, Rollen nach dem Grad ihrer Reglementierung zu differenzieren? Eine Berufsrolle wie die des Richters am Bundesgerichtshof unterliegt bereits auf den ersten Blick einer stärkeren Reglementierung als die eines Opernsängers oder eines Obstverkäufers auf dem Lüneburger Wochenmarkt.

Soziologische und sozialpsychologische Rollenkonzepte

Im deutschen Sprachraum ist die Rollentheorie untrennbar mit dem *Homo Sociologicus* verbunden. Der bereits genannte Soziologe Ralf Dahrendorf unternimmt darin den Versuch, den Rollenbegriff als wissenschaftliche Grundkategorie seiner Disziplin zu etablieren und definitorisch mit größerer Trennschärfe zu versehen. Dahrendorf differenziert zwischen der »sozialen Position« als »jedem Ort in einem Feld sozialer Beziehungen« und »sozialen Rollen« als den »Ansprüchen der Gesellschaft an die Träger von Positionen«. Er definiert: »Soziale Rollen sind Bündel von Erwartungen, die sich in einer gegebenen Gesellschaft an das Verhalten der Träger von Positionen knüpfen.« Damit löst Dahrendorf die Rolle als wissenschaftliches Konzept vom konkreten Verhalten der Rollenträger und beschreibt sie als »quasi-objektive, vom Einzelnen prinzipiell unabhängige Komplexe von Verhaltensvorschriften«. Vermittelt durch die jeweils relevanten »Bezugsgruppen« konkretisiert »die« Gesellschaft überindividuelle Verhaltensnormen, die sich in Gesetzen, »Satzungen und Vorschriften« niederschlagen. Die Lehrerrolle beispielsweise sei in beamtenrechtlichen Vorschriften, berufsständischen Leitlinien sowie den Regelungen der Kultusbürokratie fixiert. Gegenstand der Soziologie sind für Dahrendorf diese institutionalisierten, objektivierbaren Rollenkonzepte – und nicht etwa »Verhaltensweisen, über deren Wünschbarkeit ein mehr oder minder eindrucksvoller Consensus der Meinungen besteht«.

Der Preis dieser Objektivierung ist allerdings die Alltagsferne des resultierenden Rollenkonzepts. So muss auch Dahrendorf einräumen, es sei der Soziologie bislang nicht in befriedigendem Ausmaß gelungen, »mit der nötigen Schärfe ihren Begriff erwarteten Verhaltens zu formulieren«, während konkurrierende sozialpsychologische Konzepte den für sie maßgeblichen »Gedanken habituellen Verhaltens von Einzelnen« präziser umrissen hätten. Bereits die Sozialpsychologie in der Tradition eines Ralph Linton versteht unter einer Rolle das tatsächliche, beobachtbare Verhalten der Rollenträger. Linton differenziert zwar ebenfalls zwischen »role« und »status« (wobei Status als »position in a particular pattern« der »Position« Dahrendorfs entspricht), um jedoch abschließend festzustellen: »Role and status are quite inseparable, and the distinction between them is of only academic interest.« Das sozialpsychologische Konzept der Rolle als Verhalten, das der empirischen Beobachtung zugänglich ist, entspricht weit stärker unserem intuitiven Begriffsverständnis. Die »Lehrerrolle« ist hier das, was wir als übliche, wiederkehrende Verhaltensweisen eines Lehrers einstufen würden, etwa die Maßregelung unaufmerksamer Schüler oder die Teilnahme an der Schulkonferenz. Damit zerfasert der Rollenbegriff stärker als bei einem streng soziologischen, eher abstrakten Rollenverständnis. Er wird jedoch gleichzeitig fruchtbarer für die Analyse unseres alltäglichen Erlebens. Im Folgenden werden wir daher soziale Rollen weiterhin als habituelles Verhalten Einzelner, das durch soziale Normen reguliert wird, verstehen.

Ein weiterer Aspekt, in dem unterschiedliche rollentheoretische Ansätze differieren, ist die Frage der individuellen Gestaltungskraft des einzelnen Rollenträgers: Werden Rollen primär als gesellschaftlich determinierte Verhaltensraster gesehen oder eher als grober Rahmen, den der Einzelne sich aneignet und individuell ausfüllt? Funktionalistische Ansätze, zu denen auch die Lintons und Dahrendorfs zu zählen sind, sehen soziale Rollen vorwiegend unter der Perspektive gesellschaftlicher Normierung. So bilden die Sanktionen, die eine Gesellschaft verhängt, wenn das Individuum gegen Rollenerwartungen verstößt, einen Kernpunkt Dahrendorfscher Überlegungen. Der kreative Eigenbeitrag beim Ausfüllen einer Rolle tritt hier in den Hintergrund – die Rolle ist ein Ort im sozialen System, die dem Einzelnen bestimmte Verhaltensweisen abverlangt. Die Gesellschaft stellt die Rollen bereit, die der Einzelne zu spielen hat.

Symbolisch-interaktionistische Ansätze dagegen konzentrieren sich auf die individuelle Aneignung von Rollen als kognitive Antizipation gesellschaftlicher Erwartungen. Zentraler Vertreter dieser Schule ist George H. Mead. Für ihn entwickelt der Einzelne in der Interaktion mit »signifikanten Anderen«, also Vertretern zentraler Bezugsgruppen (wie Eltern, Lehrer, Vorgesetzten), Interpretationen gesellschaftlicher Verhaltenserwartungen, die er sich dann als Rollenkonzepte aktiv zu eigen macht. Mead differenziert dabei zwischen der Umsetzung der unterstellten gesellschaftlichen Erwartungsmuster (»Me's«) und dem einheitlichen Selbst (»I«), dessen Aufgabe die aktive Integration und Gestaltung der verschiedenen Rollen ist. Rollen sind hier gesellschaftliche Verhaltensgebote, die der Einzelne für sich interpretiert und die er sich auf individuelle Weise aneignet. Auch Erving Goffman, der mit *Wir alle spielen Theater* 1959 ein Standardwerk zur »Selbstdarstellung im Alltag« vorgelegt hat, betrachtet Rollen primär als soziale Spielregeln, die der Einzelne für sich umsetzen kann, von denen er sich aber auch distanzieren kann. Für Goffman kann die Verkörperung einer Rolle »bewusst oder unbewusst« geschehen, und in jede Darstellung des Einzelnen fließt »eine Konzeption seiner selbst« ein. So gibt es Darsteller, die an ihre Rolle glauben und völlig darin aufgeben, ebenso wie »zynische Darsteller«, die eine bestimmte »Maskerade« aufrechterhalten, auch wenn die eigene Rolle sie »überhaupt nicht zu überzeugen vermag«.

In der wissenschaftlichen Diskussion wird den Vertretern der verschiedenen Denkrichtungen gerne ihre jeweilige Einseitigkeit zum Vorwurf gemacht – hier das Ignorieren des individuellen Beitrags in der Gestaltung von Rollen, dort das Unterschätzen des Grades sozialer Normierung. Es liegt nahe, die beiden Ansätze eher als sich ergänzende denn als sich ausschließende Perspektiven zu sehen. Zum einen werden soziale Rollen im Grad ihrer Normierung differieren – Rollen in streng hierarchisch strukturierten Apparaten, etwa beim Militär, dürften strikter definiert sein als Rollen in dynamischen Institutionen wie Wirtschaftsunternehmen ganz unterschiedlicher Größe, Branche und Ausrichtung –, zum anderen werden Individuen sich darin unterscheiden, wie stark sie tatsächliche oder vermeintliche Rollenanforderungen einfach übernehmen oder aber für sich interpretieren und kreativ mit Leben füllen. Zwei Generäle, die die militärische Hierarchie erfolgreich durchlaufen haben, werden sich in ihrem öffentlichen Auftreten normalerweise stärker ähneln als beispielsweise zwei Führungskräfte des mittleren Managements eines Wirtschaftsunternehmens, auch wenn die Führungspositionen ebenfalls klaren Rollenanforderungen unterliegen. Je eher es der Kontext zulässt und je individualistischer ein Rollenträger veranlagt ist, desto stärker wird er seiner Rolle persönliches Profil verleihen. (Vergleichen Sie hierzu auch Kapitel 5 »Engagiert für eine Spielzeit: Führungsrollen erfolgreich besetzen«.)

Jenseits akademischer Schwerpunktsetzungen und Schulen werden daher im Folgenden einige rollentheoretische Konzepte vorgestellt, die sich für die Auseinandersetzung mit Rollen in Unternehmenskontexten fruchtbar machen lassen.

Rollenerwartungen

Rollen werden konstituiert durch die mit ihnen verknüpften Erwartungen. Innerhalb einer Gesellschaft existiert ein Grundkonsens, wie sich beispielsweise ein Arzt, ein Richter, eine Führungskraft, ein Vater, ein Sohn, ein Verkäufer oder ein Kunde zu verhalten haben. Dahrendorf differenziert dabei zwischen »Rollenverhalten« im engeren Sinne und »Rollenattributen«, die sich auf Aussehen und Charakter beziehen. Von einem Arzt erwarten wir, dass er sich sachlich nach unseren Beschwerden erkundigt, die nötigen Untersuchungen veranlasst und nach bestem Wissen und Gewissen eine Diagnose erstellt. Eigenschaften wie hohe persönliche Integrität und unbedingte Zuverlässigkeit gehören ebenso zum erwünschten ärztlichen Rollenrepertoire wie der weiße Kittel als äußeres Attribut dieser Berufsrolle.

Rollen stecken also den Rahmen des erwarteten und gesellschaftlich tolerierten Verhaltens ab. Ein Arzt, der während des Patientengesprächs lässig die Füße auf den Tisch legte und wiederholt Telefonate entgegennähme, verstieße ebenso gegen diesen Konsens wie jemand, der uns am Tag einer Herzoperation in Jeans und Hawaii-Hemd auf der Station besuchte. Dennoch kennen wir alle eine Reihe von Ärzten, die ihre Rolle ganz unterschiedlich ausfüllen, reservierter oder zugewandter auftreten, das Patientengespräch stark steuern oder geduldig zuhören, im klassischen Arztkittel oder im weißen Poloshirt auftreten. Dies bestätigt Dahrendorfs These, Rollenerwartungen seien »nur in seltenen Fällen definitive Vorschriften«, sondern häufig eher ein »Sektor erlaubter Abweichungen«.

Äußere Rollenattribute als augenfällige Hinweise auf die ausgeübte Funktion sind nicht nur dort von Bedeutung, wo es eine Berufskleidung im engeren Sinn gibt. Bei einem Anlageberater erwarten wir einen »seriösen« Auftritt mit hochwertigem Anzug und Krawatte, während ein Familientherapeut im gleichen Outfit seine Klienten vermutlich befremden würde. Polizisten und Militärs unterstreichen ihre Autorität durch Uniformen und Rangabzeichen, erfolgreiche Unternehmer durch Maßanzüge, das richtige Auto und oder den unvermeidlichen Blackberry. Wer es auf der Karriereleiter nach oben schaffen will, tauscht Billiguhr und Kaufhausschick entsprechend gegen einen »wertigeren« Auftritt ein. Kritische Stimmen behaupten, wer es in gewissen Hamburger Kreisen zu etwas bringen wolle, brauche ohne handgenähte Schuhe den Sitzungssaal erst gar nicht zu betreten.

Rollenattribute können also verbindlich vorgeschrieben sein (wie die Polizeiuniform oder die weiße Arztkleidung) oder Resultat gesellschaftlicher Gepflogenheiten (wie die handgenähten Schuhe nobler Hanseaten). Abweichungen führen in beiden Fällen zu Irritationen, wie beispielsweise der Versuch einer Bankengruppe belegt, die vor einigen Jahren junge Kundengruppen durch besonders salopp gekleidete »Jugendbanker« gezielt ansprechen wollte. Das Experiment scheiterte gründlich, denn die Kundenberater im T-Shirt überzeugten nicht einmal ihre Altersgenossen. Auch die fragwürdigen Erfolge von Hochstaplern zeugen davon, wie stark die Wirksamkeit äußerer Rollenattribute ist: Ob als falscher Arzt, als Heiratsschwindler oder als erfolgsverwöhnter Bauunternehmer à la Jürgen Schneider – wer die Rollenklischees überzeugend bedient, kann erstaunlich lange Patienten und Kollegen, heiratswillige Opfer und kreditvergebende Großbanken hinters Licht führen. Und selbst die erschreckenden Ergebnisse des bekannten Milgram-Experiments, in dem Probanden ermuntert wurden, eine zweite Versuchsperson mit Stromstößen bis zu einer tödlichen Dosis zu bestrafen, gehen größtenteils auf das Konto des überzeugend wirkenden Versuchsleiters. Der verkörperte die Rolle des seriösen »Forschers der renommierten Yale University« in Habitus und Auftreten offenbar so überzeugend, dass die meisten Probanden eher seinen Aufforderungen folgten, als ihren eigenen Ohren zu trauen und auf die (gespielten) Schmerzensschreie ihrer Opfer zu reagieren.

Wir sind auf den äußeren Augenschein angewiesen, wenn wir dem Träger einer Rolle begegnen: Was hat er an? Wie gibt er sich? Wie handelt er? Was sich dahinter »wirklich« verbirgt, können wir kaum einschätzen. Solange der andere sich an die Spielregeln hält, solange unsere Rollenerwartungen erfüllt werden, gehen wir davon aus, dass alles in Ordnung ist – dass unser Gegenüber das ist, was es zu sein vorgibt. So zeigen sich viele überrascht, wenn sich hinter der Maske eines väterlich-biederen Managers die kriminelle Energie eines Steuerhinterziehers verbirgt. Genau das eröffnet Raum für eine beunruhigende Ungewissheit und daher für unreflektierte Authentizitätssehnsüchte. Erving Goffman betont den Inszenierungscharakter, der jeder Rolle innewohnt, indem er das »standardisierte Ausdrucksrepertoire«, das zur Rollenumsetzung gehört, ungeschminkt als »Fassade« bezeichnet. Dahinter verbergen sich einerseits (wie bei Dahrendorf) »Erscheinung« und »Verhalten«. Dem fügt Goffman jedoch noch das »Bühnenbild« als weiteres Element der Rollenfassade hinzu – beispielsweise Möbelstücke, Dekoration und andere Requisiten. Vorstandsbüros sind ein Musterbeispiel für dieses Moment der Selbstinszenierung: Rein sachlich lassen sich eine stattliche Quadratmeterzahl, teures Mobiliar und moderne Kunst an den Wänden kaum rechtfertigen; eher wird Macht inszeniert. Das Magazin *Wirtschaftswoche* erlaubt regelmäßig einen fotografischen Blick in die geschickt, teilweise mit zeitgemäßem Understatement komponierten Bürolandschaften von Deutschlands Managern. Ähnlich bewusst unterstreichen moderne Monarchien ihre Daseinsberechtigung, schaffen kirchliche Würdenträger die nötige Distanz zum einfachen Gläubigen. Wer eine Rolle glaubhaft ausfüllen will, tut gut daran, sich die klassischen Rollenattribute zu eigen zu machen. Die Queen braucht dafür Palast und Krone; dem Normalsterblichen genügen oft schon wenige geschickt gewählte Signale, um seinem Auftreten mehr Glaubwürdigkeit zu verleihen. Das kann der Montblanc-Füllhalter als Standardausrüstung des erfolgreichen Jungmanagers sein oder die schwarze Designerkleidung als Uniformierung in den kreativen Branchen.

Verstöße gegen Rollenerwartungen haben Konsequenzen. »Es gibt positive und negative Sanktionen«, schreibt Dahrendorf: »Die Gesellschaft kann Orden verleihen und Gefängnisstrafen verhängen.« Die Schärfe der Sanktionen hängt vom Verbindlichkeitsgrad der Rollenerwartungen ab. Dahrendorf differenziert zwischen »Muss-Erwartungen«, »Soll-Erwartungen« und »Kann-Erwartungen«.

Muss-Erwartungen sind der absolut verbindliche, justiziable Kern einer Rolle: Ein kaufmännischer Leiter, der Gelder veruntreut, oder ein Vater, der seine Kinder misshandelt, muss mit gerichtlicher Bestrafung rechnen.

Soll-Erwartungen dagegen beschreiben sozial erwünschtes Verhalten, das zwar nicht vor Gericht einklagbar ist, aber dennoch als selbstverständlich vorausgesetzt wird. Bei Verstößen hat der Rollenträger auch hier mit negativen Sanktionen zu rechnen. Ein kaufmännischer Leiter, der keine solide Finanzplanung vorweisen kann, wird zu Recht um seinen Arbeitsplatz fürchten. Und wenn der Geschäftsführer einer gemeinnützigen Organisation wie UNICEF üppig dotierte Beraterverträge vergibt, mag das zwar nicht rechtswidrig sein, wirft aber trotzdem die Frage auf, ob er der richtige für seine Aufgabe ist.

Kann-Erwartungen schließlich beziehen sich auf gesellschaftliche Vorstellungen darüber, was die wirklich »gute« Verkörperung einer bestimmten Rolle ausmacht. Salopp ausgedrückt: Während Muss-Erwartungen Gesetzestreue fordern und Soll-Erwartungen mit Dienst nach Vorschrift Genüge getan wird, beschreiben Kann-Erwartungen eben jenes Mehr, das einem den nächsten Schritt auf der Karriereleiter ermöglicht. Dies ist der Bereich, in dem die Gesellschaft Orden vergibt, Gehälter erhöht und zusätzliche Befugnisse verleiht; hier kommen also die »positiven Sanktionen« ins Spiel. Anders als Muss- und Soll-Erwartungen sind Kann-Erwartungen kaum schriftlich festgehalten. Gesetze liegen gedruckt vor, grundsätzliche Verhaltensanforderungen mögen in Satzungen und Kodizes fixiert sein, doch was darüber hinaus für einen wirklich überzeugenden Auftritt gefordert wird, ist nicht selten eine Frage des stillschweigenden Einverständnisses. So wachsweich dieser Bereich ungeschriebener Regeln sein mag, so erfolgsentscheidend ist er gleichzeitig. »Wenn der Einzelne eine neue Stellung in der Gesellschaft einnimmt und eine neue Rolle übernimmt, wird ihm im Allgemeinen nicht in allen Einzelheiten mitgeteilt, wie er sich verhalten soll«, schreibt

Goffman: »Üblicherweise werden ihm nur ein paar Stichworte, Hinweise und Regieanweisungen gegeben, und es wird angenommen, dass er bereits eine große Zahl von Kleinigkeiten und Details der Darstellung in seinem Repertoire hat, die in der neuen Szenerie notwendig werden.« Das ist unter anderem eine treffende Beschreibung dessen, was in zahlreichen Unternehmen mit dem Stichwort »Einarbeitung« beschönigend umschrieben wird. Kann-Erwartungen muss man sich in der Regel selbst erschließen, beispielsweise indem man seine Schlüsse aus erfolgreichen Rollenvorbildern zieht. Welches Verhalten jenseits der Basiskompetenzen zum Beispiel von einer Führungskraft in einem bestimmten Umfeld erwartet wird, lässt sich häufig am besten daran ablesen, wer im Unternehmen Karriere macht.

Die Komplizenschaft von Darsteller und Ensemble

Rollenverhalten wird – gerade von Authentizitätsverteidigern – gerne unter dem Gesichtspunkt betrachtet, dass da einer (der Träger der Rolle) den anderen etwas vorspielt, sie quasi »täuscht«. Dabei wird übersehen, dass auch das Gegenüber ein Interesse am Funktionieren des Schauspiels hat. Leute, die aus der Rolle fallen, mögen wir ebenso wenig, wie Schauspieler, die ihren Text nicht beherrschen. Goffman geht davon aus, dass Rollenträger gemeinsam eine Situation definieren und dass alle Beteiligten daran interessiert sind, die verbindliche Deutung der Situation durch rollenkonformes Verhalten aufrechtzuerhalten. Im Klartext heißt das: Menschen wollen »bespielt« werden. Sie möchten an die Sicherheit und Berechenbarkeit suggerierenden Rollen glauben wie an die Zaubertricks von David Copperfield. Und obwohl es mittlerweile Fernsehsendungen gibt, die hinter die Kulissen blicken lassen (die der Zaubertricks ebenso wie die der Fassaden unserer Politik- oder Wirtschaftsdarsteller), ist dem Unbewusstsein des Zuschauers an der Aufrechterhaltung der Illusion gelegen.

Wenn wir zum Arzt gehen, schlüpfen wir in die Rolle des Patienten und erwarten, dass der Arzt seine Arztrolle wahrnimmt und uns nicht etwa mit Anekdoten vom soeben durchzechten Wochenende unterhält.

Wenn wir an einem Seminar teilnehmen, gehen wir davon aus, dass der Seminarleiter inhaltlichen Mehrwert bietet und dass die übrigen Anwesenden bereit sind, im üblichen Rahmen mitzuarbeiten. Funktionierende Rollen sind ein Gemeinschaftsprodukt: Der Träger einer Rolle kann nur dann erfolgreich sein, wenn die anderen ihn in der Rolle ernst nehmen und entsprechend »mitspielen«. Ein General, dem die Soldaten nicht mehr folgen, verliert damit seinen Status als Befehlshaber, und einem Arzt, dem die Patienten die medizinische Kompetenz absprechen, nützen weder Titel noch weißer Kittel etwas. Wie im Theater, so ist auch auf der gesellschaftlichen Bühne das Schauspiel eine Leistung des gesamten Ensembles – und des zuschauenden Publikums, das bereit sein muss, die Vorstellung ernst zu nehmen und sich der dramatischen Fiktion hinzugeben. Friedrich Schiller konstatierte: »Der König wird vom Volk gemacht.«

Voraussetzung ist ein Grundkonsens, dass eine Situation so und nicht anders zu gestalten sei, eine Übereinkunft, die in der Regel in gemeinsamen Werten wurzelt. Unter dieser Voraussetzung werden die verschiedenen Rollenträger diszipliniert dazu beitragen, dass das geplante Schauspiel in der vorgesehenen Weise über die Bühne gehen kann. Ob die Situation dabei als »echt« und »wahrhaftig« (authentisch) erlebt wird, ist sekundär, solange man sich gemeinsam einig ist, so zu tun, als ob. Was sich theoretisch anhören mag, erleben viele Menschen Jahr für Jahr ganz praktisch bei der familiären Inszenierung eines »harmonischen Weihnachtsfests«. Hinter den Kulissen wird nicht selten über Stress und familiäre Zwänge geklagt, und etliche Familienmitglieder würden »eigentlich lieber etwas ganz anderes machen« als den eingespielten Festtagsritualen zu folgen. Auf der Vorderbühne jedoch werden Auseinandersetzungen in der Regel peinlich vermieden, und spätestens am ersten Weihnachtstag macht man gemeinsam gute Miene zum oft nur erduldeten Spiel. Man freut sich pflichtschuldig über mehr oder weniger passende Geschenke, versichert sich gegenseitig, wie schön es doch wieder sei, und erträgt Verwandte, auf deren Gegenwart man im Grunde gut verzichten könnte. Allenfalls das schwarze Schaf der Familie könnte die gemeinsam inszenierte Festtagslaune durch einen unpassenden Auftritt stören, jeder hofft, dass das nicht passiert, und alle ahnen, dass es dem ein oder anderen in der Runde in Wirklichkeit genauso geht wie uns selbst. »Da wir alle in Ensembles mitarbeiten, müssen wir alle ein wenig von der süßen Schuld des Verschwörers in uns tragen«, schreibt Goffman dazu: »Und da jedes Ensemble damit beschäftigt ist, die Stabilität der einen oder anderen Situationsbestimmung zu erhalten, indem es bestimmte Tatsachen verschleiert oder verdunkelt, ist die Laufbahn des Darstellers gewissermaßen die des heimlichen Verschwörers.«

Unternehmensspezifische Exempel für diese Art »süßen Verschwörertums« stellen bisweilen Jubelfeiern zum Firmenjubiläum, wöchentliche Team-Meetings, Jahresgespräche mit Mitarbeitern, Kundenpräsentationen oder monatliche Abteilungsleiterrunden dar: In der Regel sind sich in solchen Situationen alle Beteiligten darüber im Klaren, welches Verhalten gefordert ist, und arbeiten in ihrer Darstellung diszipliniert zusammen. Auch ohne echte Feierlaune setzen wir am Jubiläumstag die Maske wohlwollender Heiterkeit auf, und selbst wenn wir die Abteilungsleiterrunde als Austragungsort erbitterter Grabenkriege erleben, nehmen wir offiziell an der Aufführung mit dem Titel »sachlicher Informationsaustausch« teil. Was wäre auch die Alternative? Persönliche Animositäten unverhüllt auszutragen und momentane Missstimmungen offen kundzutun? Das würde das Leben kaum erträglicher, dafür aber verstörend unberechenbar machen. Glücklicherweise schrecken die meisten von uns vor dieser Form der »Authentizität« zurück. Und wer das Schauspiel tatsächlich stört, überschreitet eine unsichtbare Grenze und wird womöglich von weiteren Aufführungen ausgeschlossen. In Unternehmenskontexten sprechen wir dann von »Entgleisungen« und »untragbarem Verhalten«. Eine intelligente Selbstdisziplinierung innerhalb spezifischer Rollenerwartungen trägt durchaus zur Steigerung effizienten Arbeitens bei – man erspart sich beispielsweise ein regelmäßiges Neuerfinden gruppeninterner Rollenzuweisungen und geht von Beginn an in einen zielorientierten und professionellen Arbeitsmodus. Es verlangt den Menschen gar nach sicherheitsstiftenden Ritualen.

Das gemeinsame Rollenspiel verlangt also von allen Beteiligten Disziplin und Selbstkontrolle. »Ein (…) disziplinierter Darsteller beherrscht seinen Text, und ihm passieren keine ungewollten Gesten oder Fauxpas«, meint Erving Goffman. »Er ist diskret; er verrät das Schauspiel nicht, indem er aus Versehen seine Geheimnisse ausplaudert. Er besitzt Geistesgegenwart, er kann spontan unangebrachtes Verhalten seiner Ensemblegenossen vertuschen und dabei die ganze Zeit den Eindruck erwecken, er spiele nur seine Rolle. (…) Er kann seine spontanen Gefühle unterdrücken und den Anschein erwecken, er stimme mit dem Status quo völlig überein, der durch die Vorstellung des Ensembles geschaffen worden ist.« Ersetzen Sie »Darsteller« durch »Sitzungsleiter«, »Leistungsträger«, »Topverkäufer«, »CEO«, … – und Ihnen werden Beispiele und Situationen einfallen, in denen jemand genau dieses unangestrengt-geschmeidige Rollenspiel vorführte und seine Umgebung durch seine souveräne Darstellung für sich einnahm.

Fällt doch einmal jemand aus der Rolle, sei es absichtlich oder unabsichtlich, übt man sich normalerweise in gemeinsamer Schadensbegrenzung. Wutausbrüche führen zu Beschwichtigungsversuchen (von »Das gehört nun wirklich nicht hierher« über »Bitte klären Sie das unter sich« bis »Vielleicht sollten wir die Diskussion morgen fortsetzen, wenn Sie sich etwas beruhigt haben«); ein ungewollter Fauxpas wird, wenn eben möglich, diskret übersehen. Wir alle erinnern uns an geschäftliche oder private Momente, in denen jemand mit einer zwar zutreffenden, aber (eben deshalb) peinlichen Bemerkung herausplatzte. In der Regel rettet nach einer kurzen Schrecksekunde jemand die Situation, indem er einfach ein neues Thema anschneidet. Der Ausstieg aus der gemeinsamen Inszenierung und die klärende (oder verschärfende) Zuflucht zur Metaebene ist eine seltene Ultima Ratio.

Damit unser Alltag in den sicheren Bahnen des Üblichen und Kalkulierbaren verläuft, haben wir ein Interesse daran, dass unsere Mitspieler sich im Normalfall an die sozialen Spielregeln halten und die ihnen situativ zugedachten Rollen wahrnehmen. Ein Kundengespräch ist ein Kundengespräch, eine Geburtstagsfeier eine Geburtstagsfeier, und wer beides verwechselt, gilt zu Recht als schwierig. Wer für eine bestimmte Rolle engagiert werden will, sollte daher glaubhaft machen können, dass er sie auch dauerhaft im Sinne des Ensembles spielen wird: »Offenbar werden Darsteller, wenn sie die Linie des Ensembles beibehalten wollen, als Mitdarsteller diejenigen auswählen, von denen man annehmen kann, dass sie sich richtig verhalten«, so Goffman. Das mag einer der Gründe sein, warum »Querdenker« sich in der Theorie zwar großer Wertschätzung erfreuen, in der Praxis jedoch der rollenkonform Agierende zumeist den Vorzug erhält.

Rollenkonflikte

Jeder von uns spielt im Leben eine Vielzahl von Rollen, zum Beispiel im Beruf, im Freundeskreis und in der Familie, und viele Rollen involvieren Ansprüche unterschiedlicher Bezugsgruppen – beispielsweise, wenn ein Lehrer die Interessen der Schulleitung, der Schüler und der Elternvertreter miteinander versöhnen soll. Die Wahrnehmung von Rollen birgt aus verschiedenen Gründen Stoff für Konflikte. Die wichtigsten Konflikttypen nach Rolf Wunderer im Überblick:

Intra-Rollen-Konflikte Verschiedene Gruppen stellen Ansprüche an den Rollenträger, und widersprüchliche Erwartungen führen zu Konfliktsituationen. Wenn etwa die Geschäftsleitung Kostensenkungen einklagt und Mitarbeiter gleichzeitig Entlastung von Mehrarbeit und bessere Bezahlung fordern, gibt es nur schwer einen Ausweg, der beide Seiten zufriedenstellen wird. Wichtig ist es daher, sich darüber klar zu sein, mit welchen Erwartungen die eigene Rolle primär verbunden ist. Das macht den Konflikt nicht unbedingt lösbar, kann aber psychisch entlasten und reflektierte Entscheidungen fördern. Entlastend ist die Einsicht, dass der Konflikt nicht im eigenen Unvermögen wurzelt, sondern in der äußeren Erwartungskonstellation. Ob man der Seite mit der größeren Sanktionsmacht folgt (und sich daher den Ansprüchen der Geschäftsleitung beugt) oder nach anderen Gesichtspunkten entscheidet (beispielsweise die Fürsorgepflicht gegenüber seinen Mitarbeitern höher gewichtet) – beides hat seinen Preis.

Inter-Rollen-Konflikte Sie wurzeln darin, verschiedenen Rollen gleichermaßen gerecht werden zu wollen, etwa gleichzeitig ein engagierter

Abteilungsleiter, ein fürsorglicher Vater und ein zuverlässiger Sohn zu sein. Je mehr Rollen wir uns aufbürden, desto höher ist hier das Konfliktpotenzial. Lothar Seiwert rät daher wie geschildert dazu, sich auf sieben Lebensrollen zu beschränken. Das setzt voraus, seine eigenen Werte und Ziele zu kennen und sich bewusst von bestimmten Rollenzuweisungen zu verabschieden.

Intra-Sender-Konflikte Der Führungsexperte Rolf Wunderer nennt Konflikte, die daraus resultieren, dass ein Rollenträger widersprüchliche Erwartungen an sich selbst richtet, Intra-Sender-Konflikte. Dazu gehört zum Beispiel für eine Führungskraft ein hoher Grad an Perfektionismus bei gleichzeitiger Bewältigung eines überdurchschnittlichen Arbeitspensums. Einen Ausweg kann die Reflexion des eigenen Rollenverständnisses weisen: Was verlangt die Rolle tatsächlich? Was ist möglicherweise ein Relikt früherer Rollen (etwa die Tradierung einer gewissen »Sachbearbeitermentalität«)? Wo könnten/sollten Abstriche gemacht werden?

Person-Rollen-Konflikte Hier reibt sich der Rollenträger an den Ansprüchen, die mit seiner Rolle verbunden sind: Selbstbild und Rollenerwartungen passen nicht zueinander. Beispiel: Eine entscheidungs- und konfliktscheue Führungskraft hat Probleme damit, die exponierte Führungsrolle in einer traditionsbewussten Großbank wahrzunehmen und praktiziert einen diffusen Laissez-faire-Stil. Im Fall von Person-Rollen-Konflikten kann der Anpassungsprozess, den eine Rolle verlangt, scheitern. Die Person kann oder will sich nicht entsprechend »verbiegen«. Zu klären bleibt, wie viel Gestaltungsspielraum eine Rolle ihrem Träger tatsächlich lässt und zu welchen Anpassungsleistungen der Einzelne bereit und in der Lage ist.

Rollen-Mehrdeutigkeit Sind die Rollenerwartungen nicht eindeutig, führt das ebenfalls zu Konfliktsituationen. Hierher gehören sowohl Diskrepanzen zwischen offiziellen und informellen Rollenerwartungen als auch vage oder lückenhafte Ansprüche. Wird beispielsweise im Rahmen einer Altersnachfolge eine neue Führungskraft installiert, divergieren nicht selten Lippenbekenntnisse zum Veränderungswillen und eine tatsächliche Scheu, sich nicht nur von langjährigen Funktionsträgern, sondern auch von vertrauten, aber nicht länger zeitgemäßen Vorgehensweisen zu verabschieden.

Rollen-Überlastung Die mit einer Rolle verbundenen Erwartungen sind momentan oder dauerhaft nicht einzulösen. Das kann beispielsweise der Fall sein, wenn eine Lehrkraft gleichzeitig neue Unterrichtskonzepte entwickeln, eine besonders schwierige Klasse führen und an schulübergreifenden Projekten teilnehmen soll. Momentane Überlastungen sind in vielen Rollen vorstellbar, wenn Ansprüche an den Rollenträger situativ ihren Höhepunkt erreichen – wenn beispielsweise eine Führungskraft an einem Tag eine Meilenstein-Präsentation halten, Akquisitonstermine vorbereiten und zeitnah auf eine massive Kundenbeschwerde reagieren soll.

Mit der Differenzierung unterschiedlicher Konflikttypen bietet die Rollentheorie ein Instrumentarium, Konfliktursachen zu präzisieren und persönliche Handlungsmöglichkeiten auszuloten: Wann wurzelt ein Konflikt in der eigenen Person beziehungsweise in der eigenen Haltung zu einer Rolle, wo in widersprüchlichen Erwartungen anderer und wo in der Vielzahl von Rollen, die man wahrzunehmen versucht?

Rolle und Persönlichkeit

Unser Substantiv »Person« basiert auf dem lateinischen *persona*, das wiederum die »Maske des Schauspielers« beziehungsweise »die Rolle, die durch diese Maske dargestellt wird« bezeichnet. Folgt man der Etymologie, wäre die Persönlichkeit eines Menschen nichts anderes als die Summe der Rollen, die er im Leben spielt. Rollentheoretische Persönlichkeitsauffassungen gehen tatsächlich von dieser Grundannahme aus und lokalisieren Persönlichkeit im Schnittpunkt aller Positionen, die ein Mensch im sozialen Gefüge einnimmt. Goffman beispielsweise betont unter der Überschrift »Das Selbst und seine Inszenierung«: »Das

Selbst als dargestellte Rolle ist (...) kein organisches Ding, das einen spezifischen Ort hat und dessen Schicksal es ist, geboren zu werden, zu reifen und zu sterben; es ist eine dramatische Wirkung, die sich aus einer dargestellten Szene entfaltet, und der springende Punkt, die entscheidende Frage ist, ob es glaubwürdig oder unglaubwürdig ist.«

Unser »Ich«, unsere »Persönlichkeit«, das »Selbst« konkretisiert sich für unser Gegenüber zwangsläufig in Rollen und entzieht sich daher einem direkten (»rollenfreien«) Zugriff. Es ist unmöglich, keine Rollen zu spielen: Selbst wenn wir uns bestimmten Rollen verweigern, werden wir vor dem Hintergrund dieser (enttäuschten) Rollenerwartungen wahrgenommen (und dann eben in die Rolle des autonomen »Verweigerers« eingeordnet). Auch »Authentizität« ist daher nichts anderes als ein situativ für den Betrachter besonders überzeugendes Rollenspiel, eine äußerst gelungene »dramatische Wirkung«, um mit Goffman zu sprechen. Das muss Oscar Wilde im Sinn gehabt haben, als er schrieb, »Natürlichkeit« sei »die schwierigste Pose, die man einnehmen kann«.

Neu ist der Gedanke, dass sich unsere Persönlichkeit für andere unweigerlich in Rollen verkörpert, nicht. Schon um die Wende zum 20. Jahrhundert schrieb William James, Professor für Psychologie und Philosophie an der Harvard University: »Wir können praktisch sagen, dass er [der Mensch] so viele verschiedene soziale Persönlichkeiten besitzt, wie es getrennte Personengruppen gibt, an deren Meinung ihm gelegen ist. Im Allgemeinen zeigt er jeder dieser einzelnen Gruppen eine andere Seite seiner selbst. (...) Wir zeigen uns unseren Kindern nicht so wie unseren Vereinsbrüdern, unseren Kunden nicht so wie unseren Arbeitern, unseren eigenen Vorgesetzten und Arbeitgebern nicht so wie unseren engsten Freunden.«[14] Entscheidend ist sowohl bei Goffman wie bei James, dass beide die Außenperspektive einnehmen: Was macht unsere Persönlichkeit in den Augen anderer aus?

Interessant bleibt jedoch die Frage, ob es jenseits dieser unterschiedlichen Facetten unserer Person, die sich nach außen unweigerlich in Rollen niederschlagen, so etwas wie einen invariablen, stabilen »Persönlichkeitskern« gibt. Dies entspricht dem klassischen Verständnis von Persönlichkeit als »ein bei jedem Menschen einzigartiges, relativ stabiles und den Zeitablauf überdauerndes Verhaltenskorrelat«, wie es in dem Lehrbuch von Theo Hermann nachzulesen ist. Dafür spricht unter anderem Folgendes:

- Dieselbe Rolle wird von verschiedenen Menschen auf unterschiedliche Weise mit Leben gefüllt. Auch wenn die Rollenerwartungen präzise sind und sich beide Rollenträger um Rollenkonformität bemühen, wird jeder der Rolle seinen eigenen Stempel aufdrücken – ähnlich wie zwei Schauspieler, die eine Figur auch niemals auf völlig identische Weise verkörpern werden. Nur Kunstfiguren wie Woody Allens »Zelig« verschmelzen so vollständig mit einer neuen Rolle, dass sie buchstäblich nicht mehr wiederzuerkennen sind. (Leonard Zelig passt sich als menschliches Chamäleon äußerlich wie innerlich vollkommen seiner jeweiligen Umgebung an, wird beispielsweise im Gangstermilieu zum Gangster, unter orthodoxen Juden selbst zum Strenggläubigen und so weiter.)
- Wer dieselbe Person in unterschiedlichen Rollen erlebt, wird ihr auch in der Außenperspektive bestimmte wiederkehrende Eigenschaften zuschreiben, sie zum Beispiel als extrovertiert oder eher zurückhaltend, als nachgiebig oder dominant, als risikofreudig oder eher vorsichtig beschreiben. Sogar ein völlig sprunghafter Selbstdarsteller wie Harald Schmidt gibt persönliche Eigenschaften preis, etwa Schlagfertigkeit, kühle Distanziertheit und Lust an der Provokation.
- Wir erleben uns selbst als stabile Persönlichkeit, als eine Person, die sich in verschiedene Rollen einbringt. Weiter erleben wir Rollen als »passend« und »weniger passend« – wir bewerten sie vor dem Hintergrund unseres Selbstbildes. Dieses Selbstbild muss nicht in allen Details zutreffen, liefert bei psychisch gesunden Erwachsenen jedoch eine zumindest annäherungsweise zutreffende Einschätzung. Aufgrund unserer Selbstwahrnehmung können wir uns von Rollen distanzieren (etwa, indem wir sie als fremd und als bloßes Maskenspiel erleben, als anstrengend, als Aufforderung, sich zu »verbiegen«) oder uns in Rollen »verwirklichen« (wenn wir sie als willkommene Gelegenheit sehen, vorhandene Persönlichkeitseigenschaften auszuleben).

Vor diesem Hintergrund ist es sinnvoll, rein rollentheoretischen Definitionsversuchen von »Persönlichkeit« zum Trotz eine Person/Persönlichkeit und die Rollen, die sie spielt, zu trennen. Komplex wird dieser Sachverhalt dadurch, dass die Rollen, die ein Mensch im Laufe seines Lebens wahrnimmt, seine Persönlichkeitsbildung natürlich mit beeinflussen. Soziale Lernprozesse prägen uns von Kindesbeinen an. Sinnvoll ist daher, von einem Kontinuum auszugehen: Am einen Ende der Skala befände sich der »harte Kern« im Erwachsenenalter weitgehend stabiler und psychologischen Testverfahren zugänglicher Persönlichkeitseigenschaften, am anderen Ende jene Rollen, die dem Einzelnen aufgrund seiner Persönlichkeitsstruktur eher fremd sind und zu denen er, wie der Kommunikationswissenschaftler Michael Giesecke es nennt, ein eher »theateranaloges« Verhältnis besitzt. Solche Rollen wird das Individuum selbst als »Masken« betrachten, hinter denen es sein eigentliches »Ich« verstecken muss. Zwischen diesen beiden Polen liegen jene Rollen, die dem Rollenträger aufgrund seiner Persönlichkeitseigenschaften leichter fallen und vielleicht gar nicht mehr bewusst als »Rollen« oder »Verwandlungen« erlebt werden. Je mehr Anstrengung es kostet, in eine Rolle zu schlüpfen, desto größer ist die Rollendistanz des Individuums.

Die Platzierung der Rollen auf diesem Kontinuum ist nicht starr, sondern variabel – so kann sich das Individuum eine zunächst als »fremd« oder unpassend erlebte Rolle schrittweise aneignen, auch, weil sich das Persönlichkeitsprofil unter den in Rollen gemachten Erfahrungen verändert. Umgekehrt ist denkbar, dass eine zunächst als adäquat erlebte Rolle zunehmend distanziert und zynisch betrachtet wird, etwa wenn eine Lehrkraft am Sinn ihrer Tätigkeit zu zweifeln beginnt und nicht mehr hinter ihrer Rolle stehen kann. Eine Rolle, die einem früher auf den Leib geschneidert schien, wird dann zur hohlen Fassade. Auf dieses komplexe Verhältnis zwischen Rolle(n) und Persönlichkeit spielt auch die zeitgenössische Philosophin Rahel Jaeggi im *Spiegel* 2007 an, wenn sie über die mögliche »Entfremdung« des Einzelnen sagt: »In gesellschaftlichen Rollen und durch diese artikulieren wir uns und machen wir uns in bestimmter Hinsicht erst zu dem, was wir sind. Nicht durch Rollen als solche sind wir entfremdet. Aber es gibt Entfremdungsverhältnisse in Rollen. Es geht also um Aneignungs-verhältnisse, die glücken oder nicht glücken, funktionieren können oder nicht.« Worauf es ankommt, wenn solche Rollenaneignungen im beruflichen Alltag gelingen sollen, ist Thema des nächsten Kapitels.

Anregungen zur Selbstreflexion

- Wie viele Rollen nehmen Sie zurzeit wahr? Welche dieser Rollen fallen Ihnen leicht, welche empfinden Sie als »Masken«?
- Welche Erwartungen haben die für Ihre berufliche Rolle rele-vanten Bezugsgruppen Ihrer Meinung nach an Sie?
- Welche Rollenkonflikte erleben Sie in Ihrem Alltag? Wie sind Sie bislang damit umgegangen? Gäbe es Alternativen?
- Was für Rollenangebote empfänden Sie als Chance, sich persön-lich weiterzuentwickeln?
- Welche Seiten Ihrer Persönlichkeit können Sie derzeit nicht in Ihren Rollen ausleben?

4

Rolle und Erfolg im Job: Offizielle Drehbücher und heimliche Spielregeln

>»Um Erfolg zu erringen, benimmt man sich möglichst so,
>als ob man ihn schon hätte.«
>*François de La Rochefoucauld (Reflexionen)*

Von offiziellen Spielplänen im Unternehmen und dem, was außerdem gespielt wird; von Rollenskripten für das Verhalten im Job und davon, wie weit man ihnen trauen kann. Von intelligenten Feedbacks, die Sie für eine Optimierung Ihrer Rollenanpassung nutzen können; und von ungeschriebenen Gesetzen, die Ihnen niemand erläutert, obwohl sie über Ihren Erfolg mitentscheiden.

Rollendrehbücher: Was Sie nachlesen können

Wer auf der Unternehmensbühne reüssieren will, muss die ihm zugedachte(n) Rolle(n) überzeugend verkörpern. Versagt man dabei, wird man allzu leicht in Rollen gedrängt, die man sich selbst kaum aussuchen würde, die Rolle des »Überforderten« beispielsweise, die des »Quertreibers« oder des »Bremsers und Bedenkenträgers«. Derartige Etiketten verdeutlichen: Wer die ihm angetragene Rolle missinterpretiert, wer sie nicht annimmt und mit Erfolg spielt, für den hält die Unternehmensöffentlichkeit Rollenfächer bereit, die wenig schmeichelhaft sind und geradewegs auf ein Karriere-Abstellgleis führen. Belohnt wird in der Gesellschaft wie in Organisationen zumeist Konformität, das Erfüllen von Rollenerwartungen – in Goffmans Diktion: Ein Ensemble sucht sich am liebsten die als Mitspieler aus, von denen es glaubt, dass sie »sich richtig verhalten«. Wer daran scheitert, ist schneller aus dem Spiel, als er sich vermutlich hat träumen lassen. Das betrifft zahlreiche Arbeitnehmer, deren Engagement schon in der Probezeit endet (schätzungsweise ein Drittel aller Neuzugänge verlässt während der ersten sechs Monate das Unternehmen); das betrifft aber auch mächtige Vorstandsvorsitzende wie Klaus Kleinfeld, den die Schmiergeldaffäre bei Siemens erst vor den Fernsehkameras ins Stottern und wenig später zu Fall brachte, oder den Postchef Klaus Zumwinkel, den Konzern und Politik nur einen Tag nach Bekanntwerden seiner steuerlichen Verfehlungen im Februar 2008 fallen ließen.

Bemerkenswerterweise ist die Aufgabe des Unternehmensschauspielers herausfordernder als die seiner Kollegen beim Film und am Theater. Man bekommt weder ein vollständiges Textbuch mit detaillierten Regieanweisungen in die Hand gedrückt, noch wird man von einem Regisseur an die Hand genommen und in intensiver Feinabstimmung auf den eigentlichen Auftritt vorbereitet. Die Drehbücher im Unternehmensalltag sind sehr allgemein und nicht selten vage gehalten, sie heißen Stellenbeschreibung, Anforderungsprofil, Kompetenzmodell, Leitbild und so weiter. Selbst, wer sie sorgfältig studiert hat, kennt allenfalls die halbe Wahrheit: Was im Unternehmen »üblich« ist, wie man sich diplomatisch verhält und wie man de facto miteinander kommuniziert, ob Probleme eher proaktiv gelöst oder passiv totgeschwiegen, Werte sichtbar gelebt oder lediglich öffentlich postuliert werden, wo die eigentlichen Machtzentren zu lokalisieren sind – all das hat man selbst herauszufinden. Ob die eigene Rolleninterpretation zum Unternehmen und seiner Kultur passt, steht weder im Gedruckten noch im Kleingedruckten, sondern entscheidet sich erst während des laufenden Spiels auf der Bühne selbst. In diesem Kapitel werfen wir einen Blick auf die geschriebenen und die ungeschriebenen Gesetze hinter dem Vorhang. Das Ziel ist, Ihren Blick zu schärfen für die Rollenerwartungen am Arbeitsplatz.

Der offizielle Spielplan: Unternehmensleitbilder

»Woher kommen wir? Wohin gehen wir? Was sollen wir sein?« – auf diesen knappen Dreisatz hat Immanuel Kant die existenziellen Grundfragen des Menschen einst reduziert. Im Unternehmenskontext werden derart elementare Sinnfragen offiziell durch ein Leitbild beantwortet. Leitbilder reflektieren das Selbstverständnis eines Unternehmens und bringen seine Werte, seine Einstellungen gegenüber Mitarbeitern, Kunden und Umwelt sowie seine Ziele auf griffige Formeln. Unternehmensleitbilder übernehmen dabei den philosophischen Part und beantworten die Frage nach dem Wohin und dem Was. In ihnen findet man die Vision und die Identität des Unternehmens in Worte gefasst – als Mitarbeiter aber auch als Kunde. Die Grundwerte für den täglichen Umgang miteinander sind dagegen in Leitbildern zur Führung und Zusammenarbeit verankert. Sie geben konkrete Verhaltenshinweise und sollen Mitarbeitern und Vorgesetzten gleichermaßen Verbindlichkeit und Orientierung bieten. Kaum ein professionell geführtes Unternehmen kommt heute ohne Leitbild aus, und häufig wird es Neuzugängen mit einer gewissen Feierlichkeit überreicht. Ob das Papier als Richtschnur und Handlungsanweisung im täglichen Rollenspiel ausreicht, ist allerdings nicht gewiss: Im Idealfall findet man hier den tatsächlichen Spielplan für das Miteinander in der Organisation, die realistischen, realen – und einklagbaren – Verhaltenserwartungen an Führungskräfte und Mitarbeiter, im negativen Fall handelt es sich um »wunschgetränkte Theoriepapiere«, wie der Unternehmensberater Wolfgang Saaman in der *Frankfurter Allgemeinen Zeitung* moniert. Jedes Leitbild muss sich daran messen lassen, ob es eine zwar ambitionierte, aber grundsätzlich umsetzbare und durch das Management ernsthaft intendierte Ausrichtung des Unternehmens darstellt. Ist dies der Fall, werden hochwertige Leitlinien zu strategisch-orientierten Leitplanken im täglichen Verhalten und etablieren das gemeinsame Grundverständnis von Wertewelten.

Gute Leitbilder sind knapp und präzise formuliert. Ausufernde Verbalien und floskelhafte Allgemeinplätze gelten eher als ein Indiz für lebensferne Lippenbekenntnisse. Die sinnvollen »Leitlinien für Zusammenarbeit und Führung« der Firma easycash beginnen wie folgt:

Beispiel:

1. Unser Miteinander gestalten wir miteinander
2. Durch Kommunikation lebt easycash
3. Führung vereint unsere Stärken zum gemeinsamen Erfolg
4. Mein Beitrag bringt uns ans Ziel
5. Veränderungen tragen uns in die Zukunft

Tiefergehende Detaillierungen lassen ein Leitbild zur handlungsrelevanten (und »einklagbaren«) Richtschnur werden. Das Beispiel für den 3. Leitsatz (zur Führung):

Führung vereint unsere Stärken zum gemeinsamen Erfolg

- Wir ermöglichen selbstständiges und eigenverantwortliches Handeln in definierten Kompetenzbereichen.
- Wir geben unseren Mitarbeitern Orientierung durch klare, verbindliche Entscheidungen.
- Wir sind konsequent in der Einforderung unserer Vereinbarungen.
- Wir betrachten Feedback als Angebot zur persönlichen Weiterentwicklung.
- Wir fördern zielorientiert die Fähigkeiten und Potenziale und fordern unsere Mitarbeiter.

In dieser Präzision eignen sich Leitlinien zum aussagekräftigen Rollenskript im Führungsalltag. Gemeinsam mit den Führungskräften und Mitarbeitern wurden auf einer dritten Ebene noch detailliertere, sogenannte Key Performance Indicators (KPI) entwickelt, mit dem Ziel, das Verhalten der Führungskräfte operationalisierbar und klar messbar zu machen. Im Beispiel: Um den vierten Punkt »Feedback« verbindlich zu verankern wird evaluiert, wie regelmäßig und in welcher Qualität Manager ihre Mitarbeitergespräche führen. Im Falle von Abweichungen zwischen Ist zum klar definierten Soll erfolgen zielgerichtete Personalentwicklungsmaßnahmen. Wird ein solches Leitbild im Unternehmen ernst genommen, ist die Gefahr von Missinterpretationen der eigenen Rolle wie im folgenden Fallbeispiel gering.

Beispiel: Bernd L., promovierter Ingenieur und Experte für Prozessoptimierung, wechselte von einem mittelständischen Produktionsbetrieb zu einem Großunternehmen, in dem er die Rolle des Leiters der internen Beratungseinheit übernehmen sollte. Sein künftiger Vorgesetzter bedeutete ihm im Einstellungsgespräch, es gehe in der fraglichen Position vor allem darum, die Kompetenzen der insgesamt zwölf Berater stärker zu bündeln, existierende Reibungsverluste zu minimieren und Projekte besser aufeinander sowie auf übergeordnete Unternehmensziele abzustimmen. Dabei fielen auch Äußerungen wie »die Abteilung auf Linie bringen« oder »die Leute stärker an die Leine nehmen«. L. interpretierte das als Aufforderung, energisch durchzugreifen, und überraschte sein neues Team nach wenigen Tagen im neuen Job mit einem engmaschigen Maßnahmenplan: So hätten die Dinge ab sofort zu laufen.

Bereits nach kurzer Zeit hagelte es Beschwerden aus dem Team: L. entscheide über die Köpfe der Leute hinweg, die ersten Mitarbeitergespräche hätten eher einer Examinierung geglichen, er sei selbstherrlich und autoritär, für Argumente kaum zugänglich. Eine 360-Grad-Beurteilung der oberen Führungskräfte des Unternehmens drei Monate später vertiefte die Besorgnis, ob L. seiner Aufgabe gewachsen war.

L. hatte die eher saloppen Formulierungen seines Vorgesetzten als offizielle Rollenanweisung missverstanden und bei seinem Start im Unternehmen gleich eine ganze Reihe ungeschriebener Gesetze verletzt, die sich für jede neue Führungskraft empfehlen: offen auf die Mannschaft zuzugehen, deren Erwartungen ernst zu nehmen, Optimierungsbedarf zu erfragen und sich zu erkundigen, wie man als Vorgesetzter das Team am besten unterstützen kann. Ein differenziertes Leitbild hätte ihn sensibilisieren können, bevor er sich für sein eher drakonisches Auftreten entschied.

Leitbilder können also wichtige Orientierungshilfen sein und müssen nicht zwangsläufig zu einer »grafisch aufgemotzten Verbreitung von Binsen und Plattitüden« führen, wie Anja Jardine im Wirtschaftsmagazin *brand eins* argwöhnt. Neben nichtssagenden (und nichts bewirkenden) Floskelsammlungen gibt es positive Gegenbeispiele: Ein Leitbild wie das von IKEA gewinnt allein durch zugespitzte Formulierungen an Glaubwürdigkeit: »Die Angst, Fehler zu machen, ist die Wiege der Bürokratie und der Feind aller Entwicklung«, lautet etwa eines der »IKEA-Gebote«. »Das Gefühl, fertig zu sein, ist ein wirkungsvolles Schlafmittel« oder »Erfahrung ist ein Wort, mit dem wir aufpassen müssen. Erfahrung ist der Hemmschuh aller Entwicklung« sind andere. In jedem Fall ist es wichtig für die Umsetzung des Leitbildes in der Unternehmenspraxis, die eher grobkörnigen Skizzierungen in verhaltensnahen, gut beobachtbaren und somit auch feedbackrelevanten Beschreibungen zu detaillieren. Hier gilt es dann, die Frage zu beantworten: Welches Verhalten möchten wir in unserer Organisation sehen, welches uns zeigt, dass der Mitarbeiter »niemals fertig ist«? (Beispiel einer Detaillierung: »Wir stellen unsere Herangehensweisen regelmäßig infrage und sind gegenüber entsprechenden Rückmeldungen gegenüber Kollegen stets aufgeschlossen.«)

Der ultimative Test bleibt jedoch, ob Leitbilder gelebt werden. Dafür ist ihre Entstehungsgeschichte mit entscheidend, denn was »von oben« aufoktroyiert wird, löst nicht selten reflexartige Abwehr aus. »Gemeinschaftlich etwas zu entwickeln hat mehr Aussicht auf Erfolg, als wenn eine Person top-down vorgeben würde, wohin die Reise gehen soll«, meint auch Michael Otto, Chef der weltweit agierenden Otto Group, gegenüber *brand eins*. Bewährt haben sich Mitarbeiter- und Führungskräfte-Workshops, in denen Leitsätze in Teams erarbeitet und anschließend einem kritischen Soll-Ist-Vergleich unterzogen werden: Wie lassen sich bestehende Diskrepanzen zwischen Unternehmenswirklichkeit und Leitbildanspruch verringern? Was muss sich konkret ändern? Wenn ein Leitbild Kraft entfalten soll, muss es auf der einen Seite ambitioniert sein; wenn es zum Handeln motivieren soll, darf es auf der anderen Seite nicht realitätsfern sein. Nur wenn die Mehrzahl der Führungskräfte das Leitbild vorlebt, kann es glaubwürdig als Richtschnur für das Alltagshandeln vermittelt werden. Idealerweise werden entwickelte Leitsätze vom Leitungsteam gemeinschaftlich präsentiert, in Mitarbeitergruppen diskutiert, mit messbaren Kriterien verknüpft und anschließend in jährlichen Mitarbeiterbefragungen auf den Prüfstand gestellt. Praktische Relevanz kann ein Leitbild nur entfalten, wenn ihm bereits durch das Procedere seiner Einführung entsprechendes Gewicht verliehen wird.

Und wer den Prozess verpasst, weil er erst später zum Unternehmen gestoßen ist? Der hält am besten in den ersten Wochen die Augen offen, beobachtet, wie sich das (Top-) Management tatsächlich verhält, und erkundigt sich diplomatisch, welche Relevanz das Leitbild denn in der gelebten Praxis de facto hat.

Die Skripte: Von der Stellenanzeige bis zum Kompetenzmodell

Das Unternehmensleitbild ist nur ein Baustein Ihres Rollendrehbuchs. Daneben dokumentieren Organisationen positionsspezifische Rollenerwartungen in Stellenanzeigen und -beschreibungen sowie in ausgefeilten Kompetenzmodellen. Letztere präzisieren, welche aufgabenrelevanten Fähigkeiten, Kenntnisse und Einstellungen vor dem Hintergrund von Leitbildansprüchen und Unternehmensstrategie erforderlich sind.

Stellenanzeigen

Die erste Begegnung mit einem neuen Arbeitsplatz ist nicht selten die Lektüre einer Stellenanzeige. Eine sorgfältig getextete, aus dem Anforderungsprofil der fraglichen Position abgeleitete Ausschreibung bietet eine ungefähre Skizze der Rollenerwartungen im neuen Job.

Wenn ein führender Automobilzulieferer »eine/n Geschäftsführer/in Deutschland« sucht und schreibt, »Als Kopf unserer erfolgreichen Mannschaft, die den deutschen Markt betreut, halten Sie uns weiter auf Erfolgskurs. Im Tagesgeschäft ziehen Sie souverän die Fäden ... Sie sind bereit, sich in kurzer Zeit in komplexe technische Zusammenhänge einzuarbeiten, und verlieren nie die betriebswirtschaftlichen Zusammenhänge aus den Augen ... Ein ausgeprägtes Fingerspitzengefühl im Umgang mit Menschen ermöglicht es Ihnen, Ihr Team zu Höchstleistungen zu motivieren ...«, dann wird offensichtlich ein durchsetzungsstarker Macher gesucht, der ambitionierte Zielvorgaben durchsetzen und verwirklichen kann.

Superlative wie »Höchstleistungen« und zeitliche Ansprüche wie »nie« oder »in kurzer Zeit« schrecken all jene ab, die auf einen eher entspannten Arbeitstag hoffen. Wer dagegen als Geschäftsführer eines kommunalen Rechenzentrums »gemeinsam mit den Kommunalverwaltungen die Chancen der IT für Verwaltungsmodernisierung erkennen und nutzen«, »die Arbeit von Verbandsorganen vorbereiten« und »in überregionalen Gremien und Institutionen« die Interessen der Kommune vertreten soll, muss sich über seine zukünftige Work-Life-Balance eher weniger Gedanken machen. Vor allzu hochfliegenden Plänen warnt hier schon der ausdrücklich geforderte »Sinn für das Machbare«.

Was die Deutung von Stellenanzeigen erschwert, ist zweierlei: Zum einen sind beim Texten nicht immer Profis am Werk, zum anderen ist eine Anzeige nicht nur Instrument des Personalmarketings, sondern immer auch Bestandteil der Kommunikationsstrategie des Unternehmens. Im zweiten Fall können Überlegungen zu Unternehmensimage und Außenwirkung die Formulierung präziser und realitätsnaher Stellenprofile hintertreiben. Erfahrene Kandidaten entwickeln daher ein Gespür für Widersprüche – etwa wenn in einer Anzeige einerseits »visionäre Kraft« und »Gestaltungswillen« gefordert sind, andererseits jedoch erstaunlich viel Wert auf die Beherrschung der »gängigen Bürosoftware« gelegt wird.

Bei Inseraten etablierter Beratungsunternehmen und versierter Personalabteilungen ist in der Regel gewährleistet, dass der Anzeigentext professionell aus Stellenbeschreibungen und Kompetenzprofilen abgeleitet wird und damit ein seriöses erstes »Rollenskript« der zukünftigen Position liefert. Es lohnt sich allerdings, als Leser sein Augenmerk nicht nur auf das skizzierte Jobprofil und den Anforderungskatalog zu richten, sondern die Ausdrucksweise des Textes in die Urteilsbildung einzubeziehen. Eine Büroleiterin, die zur »Überwachung der Einhaltung von Fristen«, zur »Steuerung von 12 MitarbeiterInnen« engagiert und auf die »prompte Erledigung sämtlicher administrativer Aufgaben« verpflichtet wird, sollte sich auf ein eher kühles Unternehmensklima einstellen.

Daneben liefert die Selbstpräsentation des Unternehmens erste Indizien für die herrschende Unternehmenskultur: Hebt eine Anzeige an mit »Wir sind vor über 100 Jahren in Bayern gegründet worden«, legt man augenscheinlich sehr viel Wert auf Tradition, und der »exportstarke

Mittelständler«, der die Headline »Bewährtes optimieren, Neues aufbauen« gewählt hat, sucht ganz offenbar ebenfalls jemanden, der bei allem Gestaltungswillen die nötige Sensibilität für gewachsene Strukturen mitbringt. Der »Leiter Sponsoring« hingegen, der »im Rahmen der weiteren Expansion« bei einer führenden Event-Agentur eine neu geschaffene Position besetzt und »in einer dynamischen offenen Unternehmenskultur Verantwortung tragen« will, darf sich Hoffnung auf ein herausfordernd-dynamisches Umfeld machen. Ein Gespür für die Zwischentöne in Anzeigen zahlt sich also aus. Doch auch bei aufmerksamer Lektüre sind Sie als Kandidat nie vor Überraschungen gefeit:

Beispiel: Thomas K. bewarb sich auf die Stellenanzeige eines mittelständischen Unternehmens. Ausgeschrieben war die Position eines »Teamleiters Controlling«. Die Anzeige verriet die gewünschten Qualifikationen des Bewerbers: Neben den fachlichen Inhalten sollte der Kandidat ein hohes Maß an analytischer Kompetenz haben, daneben aber auch soziale Kompetenzen wie Integrations- und Durchsetzungsfähigkeit. Er würde direkt an den Chefcontroller des Unternehmens berichten, der gleichzeitig CFO war.

Im Bewerbungsgespräch machte ihm sein künftiger Vorgesetzter, eben jener CFO, klar, welche Rolle der Kandidat als Teamchef künftig im Unternehmen zu spielen habe, und merkte an, er habe vor allem dafür zu sorgen, das verstaubte Image des alten Rechnungswesens aufzupolieren, indem eine für den internen Kunden transparente und strategieorientierte Controllingstruktur aufgebaut wird. In diesem Rahmen seien alle internen Prozesse auf den Prüfstand zu stellen.

In einer weiteren Runde mit dem CEO des Unternehmens machte dieser ihm deutlich, dass es zwar de facto zunächst um die Funktion des Teamleiters ginge, dass bei »Bewährung« allerdings – so wurde ihm vertraulich mitgeteilt – der Posten des Chefcontrollers (mit Option auf eine spätere Geschäftsführerposition) zu besetzen sei. Der jetzige Stelleninhaber sei hierüber nicht informiert. Dennoch sei vor diesem Hintergrund die Rolle, die nun vom künftigen Teamchef zu spielen sei, eine etwas andere. Dieser habe sich vor allem kundenorientiert zu zeigen und darüber hinaus die nächsten zwölf Monate zu nutzen, sich intern als möglicher Nachfolger zu profilieren. Dies funktioniere nur, wenn er sich nicht in seiner Abteilung verausgabe, sondern ein breit gefächertes Netzwerk aufbaue.

Nach Ablauf eines Jahres wurde mittels eines Management-Audits unter Einschaltung eines externen Beraters geklärt, ob Thomas K. die spezifischen Anforderungen an die Position des Leiters Controlling erfüllte. K. erhielt die Position.

K.s Beispiel illustriert, wie sich in der Unternehmenspraxis diverse Rollenanforderungen sukzessive überlagern und ergänzen. Die Stellenanzeige ist dabei nur ein erster Mosaikstein. Sie wird ergänzt durch weitere verbalisierte Rollenerwartungen und Instrumente professioneller Personalentwicklung.

Stellenbeschreibungen

In vielen Arbeitsverträgen wird auch heute noch zur Konkretisierung der fraglichen Position auf die entsprechende Stellenbeschreibung verwiesen. Stellenbeschreibungen sind ein klassisches Instrument der Personalarbeit. In ihnen werden die Aufgaben des Stelleninhabers (inklusive möglicher Sonderaufgaben) umrissen, aber auch Kompetenzen und Weisungsbefugnisse sowie Vertretungsregelungen festgehalten. Eine aktuelle Stellenbeschreibung verortet eine Position im hierarchischen Gefüge der Organisation und skizziert auf diese Weise grob, wer Ihre wichtigsten Mitspieler auf der Unternehmensbühne sind. Stellenbeschreibungen dienen weiterhin zur Ableitung von Anforderungsprofilen und sollten auch Grundlage von Stellenanzeigen sein.

Als Regieanweisung für tägliches Handeln eignen sich Stellenbeschreibungen allerdings nur in gewissen Grenzen. Das liegt zum einen daran, dass die bisweilen statischen Formulierungen detaillierter Stellenbeschreibungen in manchen Unternehmen der dynamischen Unternehmenswirklichkeit hinterherhinken. Die Folge: Entweder finden Sie nur recht globale Beschreibungen Ihrer Aufgaben oder eine umfassendere Dokumentation, die in manchen Passagen eher historischen Charakter hat oder aktuellen Anforderungen ad hoc und vage angepasst wurde. Zum anderen liefert die offizielle Einordnung in die Unternehmenshierarchie nur selten ein vollständiges Bild der Machtverhältnisse. Über Einfluss und Macht in einer Organisation entscheidet nicht allein das Organigramm; hier spielen primär gewachsene Strukturen, »kulturelle« Momente oder schlicht die Durchsetzungskraft der jeweiligen Stelleninhaber eine wesentliche Rolle im Rollenspiel. So mag es sein, dass Sie als »Teamleiter Entwicklung« zwar dem F & E-Abteilungsleiter unterstellt sind, für Ihren tatsächlichen Erfolg im Unternehmen jedoch eine gute Beziehung zum Vertriebschef viel wichtiger ist – einerseits, weil in dieser Organisation die Stimme des Vertriebs traditionell schwerer wiegt als die Ambitionen der Produktentwicklung, andererseits, weil Ihr eigentlicher Vorgesetzter intern als »Auslaufmodell« gehandelt wird. Ob dafür persönliche Verfehlungen seinerseits, fachliche Defizite oder schlicht ungeschicktes Agieren gegenüber der Unternehmensleitung verantwortlich sind, werden Sie im Laufe der ersten Wochen im Unternehmen herausfinden (vorausgesetzt, Sie halten die Augen offen). Nehmen Sie Ihre Stellenbeschreibung also ernst, aber nicht wörtlich.

Umfassende Stellenbeschreibungen für jede Position zu verfassen und zuverlässig zu aktualisieren, bedeutet einen hohen administrativen Aufwand. Aufgaben wechseln heute in rascher Folge, um wandelnden Marktbedürfnissen entgegenzukommen, und die Wahrung persönlicher Besitzstände, die eine Stellenbeschreibung dem ein oder anderen zu versprechen scheint, gehört der Vergangenheit an. Altes Abteilungsdenken wird durch flexible Projektstrukturen ersetzt. Unternehmen setzen daher vermehrt auf veränderbare Instrumente der Personalentwicklung wie etwa dynamische Anforderungsprofile und Kompetenzmodelle.

Kompetenzmodelle im Anforderungsprofil

Welche Eigenschaften, Fähigkeiten und fachlichen Voraussetzungen sollte ein Stelleninhaber mitbringen, um eine Position möglichst erfolgreich auszufüllen? Auf diese Frage gibt ein Kompetenzmodell als Teil eines Anforderungsprofils eine präzise Antwort. Dabei werden den Zielen und Kernaufgaben einer Position im Unternehmen systematisch

Anforderungsdimensionen zugeordnet. Ein aussagekräftiges Kompetenzmodell ist präzise auf die jeweilige Position zugeschnitten und darauf ausgerichtet, erfolgskritische Eigenschaften zu bündeln. Neben sozialen Kompetenzen gehen hier auch Motive und Einstellungen ein. Das folgende Beispielprofil etwa legt einen deutlichen Schwerpunkt auf Erfahrung und Internationalität. Ebenso erscheint das differenzierte Verständnis der Rolle von Relevanz: Treiber und Coach der Mitarbeiter, Businesspartner und Administrator gegenüber den Kunden – um nur einige aktuelle Rollen zu nennen, neben den klassischen wie: Stratege, Entscheider, Motivator und Einfühlsamer. Häufig gehen solche Anforderungsprofile in Auswahlverfahren und interne Beurteilungsprozesse ein. Fordern Sie als Stelleninhaber proaktiv das Idealprofil Ihrer Position ein. Nur dann können Sie Ihre Rollenanpassung entsprechend optimieren, über erwartete Verhaltensänderungen konkret diskutieren und eventuelle Fortbildungsmaßnahmen (auch Trainings oder ein Coaching) ins Auge fassen.

Knapp 50 Prozent der Unternehmen setzen nach einer Studie des Fraunhofer Instituts IAO auf derartige Kompetenzmodelle mit Operationalisierung unternehmens- und jobrelevanter Kompetenzen. Sylvia Jumpertz versteht Kompetenzen dabei als »Fähigkeiten zur Selbstorganisation«, die »nicht nur auf formalem Bildungswege, sondern in allen möglichen Lebensbereichen erworben [werden] und ... nicht auf eine bestimmte Tätigkeit bezogen« sind.

Dabei bilden Persönlichkeitseigenschaften nicht zufällig das Fundament: Als im Erwachsenenalter weitgehend gefestigte Charaktermerkmale sind sie einer Veränderung weniger zugänglich als die übrigen Kompetenzen: Fachkompetenzen kann man sich aneignen, Methoden erlernen, Verhalten trainieren, seine Einstellungen und Wertestrukturen, also die motivationalen Komponenten, verändert man eher mühsam, sind sie doch Teil unserer Persönlichkeit.

Ein schlüssiges Kompetenzmodell sollte einer Organisation nicht pauschal übergestülpt werden, sondern sich an der jeweiligen Unternehmenswirklichkeit orientieren. Nur dann erfüllt es seinen eigentlichen Zweck, den Sylvia Jumpertz treffend formuliert hat: »Ein Kompetenzmodell bildet das ab, was über erfolgreiches oder nicht erfolgreiches Arbeiten entscheidet.« Unternehmen entwickeln Kompetenzmodelle entweder top-down – in Workshops von Führungskräften und Personalexperten – oder aber bottom-up, durch Interviews mit Mitarbeitern und Arbeitsanalysen oder sogenannten Best Practices. Dabei bilden Aufgaben und Aktivitäten, Leistungen für interne und externe Kunden sowie die angestrebten Arbeitsergebnisse den Ausgangspunkt für die Präzisierung von Wissen, Fähigkeiten und Einstellungen, die für einzelne Positionen als erfolgsentscheidend angesehen werden.

Abbildung 1: Beispielprofil eines Vertriebsleiters

		1	2	3	4	5
Fach-kompetenz	Fachkompetenz			■		
	Unternehmerisches Denken				■	
	Strategiekompetenz				■	
	Erfahrungsspektrum					■
	Internationalität					■
Management-kompetenz	Analysevermögen			■		
	Schlussfolgen				■	
	Kreativität				■	
	Entscheidungsverhalten					■
Soziale Kompetenz	Durchsetzungskraft				■	
	Kooperation				■	
	Rollenverständnis					■
	Kritikfähigkeit					■
	Einfühlungsvermögen				■	
Führungs-kompetenz	Mitarbeitermotivation				■	
	Delegation					■
	Management-Ethik				■	
	Zielorientierung				■	
Personale Kompetenz	Glaubwürdigkeit, Integrität			■		
	Vorurteilsfreiheit				■	
	Lern- und Veränderungsbereitschaft				■	
	Verantwortungsbewusstsein					■

■ Soll-Profi

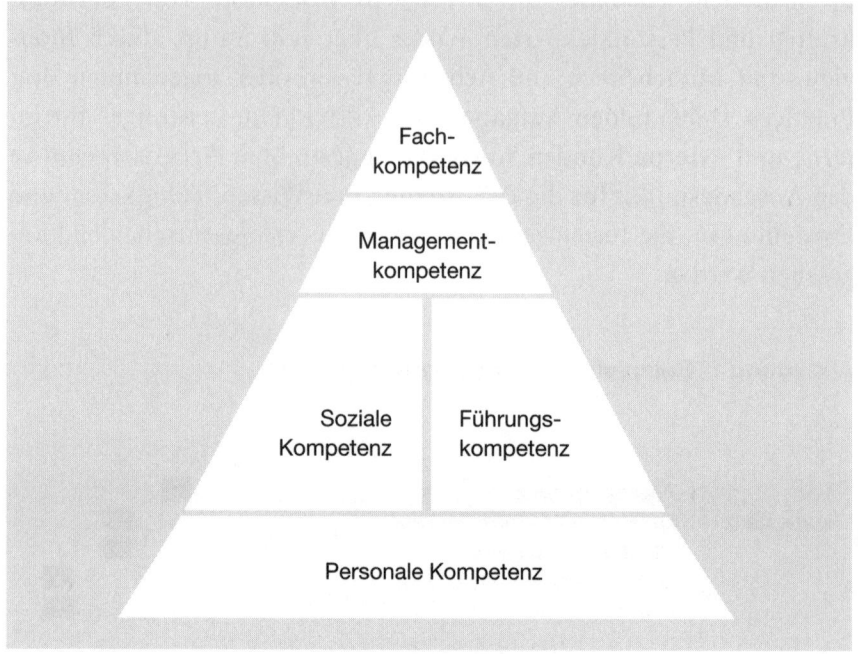

Professionelle Kompetenzmodelle formulieren ihre Rollenerwartungen nicht nur auf der Ebene grober Kompetenzbündel (zum Beispiel soziale Kompetenz), sondern brechen die Beschreibung über Präzisierungen (beispielsweise Rollenverständnis) noch weiter auf detaillierte Verhaltensbeschreibungen herunter – ähnlich dem Bühnenautoren, der seine Schauspieler exakt instruiert.

Für das vorangegangene Beispielprofil eines Vertriebsleiters könnten in einem Kompetenzmodell die Präzisierung und Operationalisierung der sozialen Kompetenz wie folgt aussehen:

Der Mehrwert von Kompetenzmodellen liegt also in der Zuordnung konkreter Verhaltensweisen, die der Einzelne als Messlatte an die eigene Performance anlegen kann.

Wer sich »authentisch« verhält und seinen ureigensten persönlichen Interessen folgt, wird im Unternehmen also keineswegs immer belohnt – im Gegenteil: Wer seine Rolle verfehlt, dem bläst der Wind in der Regel bald hart ins Gesicht. Angehörige von Organisationen – gleich welcher Hierarchieebene – werden dafür bezahlt, die ihnen zugedachte Rolle zu spielen, nicht dafür,»sie selbst« zu sein. Das beginnt beim Vorstand, der sich in operative Details einmischt, und endet beim Hausmeister, der die Geduld der Kollegen vom Marketing mit laienhaften Verbesserungsvorschlägen für die aktuelle Plakataktion strapaziert, darüber aber vergisst, das Wärmesystem rechtzeitig zu warten.

Übersicht 1: **Beispiel für ein Kompetenzmodell**

Kompetenz	Präzisierung	Operationalisierungen
Soziale Kompetenz	Rollen-verständnis	• Kann sein Auftreten schnell an verschiedene Situationen anpassen. • Ist sich der Erwartungen an sein Rollenspektrum bewusst. • Ist sich im Klaren über die Hierarchie der Unternehmensrollen.
	Kritikfähigkeit	• Ist offen für Rückmeldungen und Verbesserungsvorschläge. • Sieht Feedback und Kritik als Chance zur Verbesserung und persönlichen Weiterentwicklung. • Ist in der Lage, Mitarbeitern, Vorgesetzten und Kollegen positive und negative Rückmeldung zu geben.
	Einfühlungs-vermögen	• Kann sein Verhalten und seine Sprache an unterschiedliche Gesprächspartner anpassen. • Versucht sich im Gespräch in die Rolle des Gegenübers hineinzuversetzen. • Spricht unausgesprochene Konflikte und Missverständnisse an.

Um solche Fehlinterpretationen der eigenen Rolle zu vermeiden, sollte man Rollenanforderungen sicher einschätzen können. Adäquaterweise wäre jedes Kompetenzmodell mit einer erfolgskritischen Metakompetenz zu überschreiben – mit der Fähigkeit, die situativ relevanten Kompetenzen zu erkennen. Im angelsächsischen Sprachraum hat sich dafür das Akronym ATIC eingebürgert (*ability to identify competencies*). Das Bewusstsein für das in einer Situation (Berufsrolle, aktueller Anlass) Geforderte lässt sich durch Trainings und Coachings, die sich an Kompetenzprofilen orientieren, zwar schärfen. Wie fruchtbar solche Maßnahmen sind, hängt jedoch entscheidend davon ab, inwieweit der Einzelne das Erfordernis situativ angepassten Verhaltens überhaupt (an)erkennt und bereit ist, sein Verhaltensrepertoire darauf abzustimmen. Wer sich die präzise Frage »Was wird hier von mir – vor allem unausgesprochen – erwartet?« gar nicht erst stellen mag, dem nützen weder Anforderungsprofile noch Führungsseminare etwas in ihrer Pauschalität. Kommt zum Gespür für die nötigen Kompetenzen noch die Fähigkeit, erwünschtes Verhalten abzurufen (oder zu entwickeln) – die »institutionalisierte Selbstdarstellungskompetenz«, wie die Soziologin Michaela Pfadenhauer es nennt –, ist der Erfolg vorprogrammiert: Der Rollenspieler beherrscht seinen Part so gut, »bedient« die Rolle so virtuos, dass man ihm (wegen seiner vermeintlichen Glaubwürdigkeit oder Authentizität) bereitwillig folgt.

Und was unternehmen Sie, wenn Ihr Arbeitgeber weder über ausgefeilte Anforderungsprofile und erst recht nicht über ein valides Kompetenzmodell verfügt? Eine Möglichkeit haben Sie in jeder Organisation: Sie orientieren sich an den erfolgreichen Rollenmodellen in Ihrem Umfeld. »Modelling of excellence« nennen es Unternehmen und Einzelne, wenn sie erfolgreiche Strategien und Prozesse in ihrem Umfeld, auch beim Mitbewerber, für sich adaptieren. Was macht Leistungsträger mit ähnlichem Aufgabenprofil so erfolgreich? Häufig wird Sie bereits die aufmerksame Beobachtung entscheidende Schritte weiterbringen. Wie leitet der intern besonders geschätzte Kollege die Sitzungen, an denen Sie teilnehmen? Wie präsentiert er kritische Zahlen in der Abteilungsleiterrunde? Wie geht er mit Konflikten in seinem Team um? Wenn es die Unternehmenskultur zulässt, sollten Sie sich nicht scheuen, zu hospitieren oder kollegialen Rat in Anspruch zu nehmen. Ambitionierte Vertriebsmanager etwa begleiten einander zu Gesprächen mit Schlüsselkunden, und erfolgreiche Schauspieler analysieren die Auftritte kollegialer Protagonisten, um sich an deren Auftritten messen zu können.

Publikumsvoten: Systematisches Feedback

»*Feedback is the breakfast of champions*«, lautet das Credo des US-Unternehmers und Bestsellerautors Kenneth Blanchard, dem wir unter anderem den *Minuten-Manager* und das Konzept situativen Führens verdanken. Die Rückmeldung anderer gibt uns die Chance, das eigene Verhalten zu überprüfen und gegebenenfalls zu korrigieren. Eine Rolle erfolgreich zu verkörpern bedeutet, sein Publikum zu überzeugen. Gelingt das nicht, nützt der Verweis auf hehre Intentionen wenig: Entscheidend ist, was beim anderen ankommt.

Gelegenheiten zum informellen Feedback gibt es im Unternehmensalltag beinahe täglich, in Gesprächen mit Vorgesetzten, Kollegen, Mitarbeitern oder Kunden. Ob sie genutzt werden, hängt im Wesentlichen davon ab, ob ein Klima des Vertrauens und der Offenheit herrscht. Nicht zufällig werden ein offener Umgang miteinander und eine wertschätzende Kommunikation in den meisten Unternehmensleitbildern festgeschrieben. Im Alltag mancher Abteilungen oder ganzer Organisationen ist an die Stelle expliziter Rückmeldungen allerdings längst ein indirektes Feedback getreten, von einer Atmosphäre lähmender Demotivation bis zur »Abstimmung mit den Füßen«. Positive Rückmeldungen gehen im hektischen Tagesgeschäft zudem häufig unter. Solange alles glattläuft, wird geschwiegen, kommt es zu Pannen oder Versäumnissen, wird gern der Finger in die Wunde gelegt. Auch aus diesem Grund sind institutionalisierte Formen des Feedbacks von Mitarbeitergesprächen bis zu 360-Grad-Umfragen sinnvoll, weil sie die Chance einer regelmäßigen und umfassenden Rückmeldung bieten. Im Folgenden werden kurz die wirksamen Feedbackformen beschrieben und wie Sie sie diese für eine verbesserte Rollenanpassung nutzen können.

In einer von Fairness und Wertschätzung geprägten Unternehmenskultur ist das systematische Feedback unter Kollegen ein wertvolles Instrument der Optimierung der eigenen Performance. Dies setzt ein professional-kollegiales Verhalten voraus und dass sich alle Beteiligten um eine ausgewogene und strukturierte – im besten Falle kompetenzbasierte – Einschätzung bemühen. Realistisch ist, dass eine solche unvoreingenommene Rückmeldung am ehesten auf der Basis einer guten (Arbeits-)Beziehung funktioniert, die nicht übermäßig durch Konflikte belastet wird – etwa, wenn sich die Mitglieder eines Managementteams regelmäßig über die wahrgenommene Performance in der Unternehmensöffentlichkeit austauschen und dabei die gegenseitigen Beobachtungen in Meetings oder Präsentationen ebenso ins Auge fassen wie Führungserfolge oder -probleme. Die Strukturen von Managementteams oder anderen Einheiten (Bereiche, Abteilungen und so weiter) lassen sich so professionell über die Besprechung klassisch-inhaltlicher Themen hinaus nutzen – beispielsweise in Form turnusmäßiger (etwa halbjährlicher) Arbeitstreffen, die allein die wahrgenommene Performance der Kollegen zum Inhalt haben. Die Vorteile: Fehlentwicklungen können in einer vertrauensvollen Atmosphäre bereits angesprochen werden, bevor sie sich zu echten Problemen auswachsen, und positive Verhaltenskomponenten werden ins Bewusstsein gerückt und können verstärkt werden.

Für ein unvoreingenommenes Feedback müssen alle die Unternehmensbühne für einen Moment verlassen, aus der gemeinsamen Inszenierung heraustreten und das Rollenspiel als solches einer kritischen Prüfung unterziehen. Je mehr Teilnehmer dies gemeinschaftlich versuchen, desto größer ist die Gefahr, dass der dafür nötige Grundkonsens zerbricht und man stattdessen gemeinsam ein neues Stück inszeniert – das einer nur oberflächlich »fairen« Manöverkritik, die von persönlichen Rivalitäten, Abteilungsegoismen und Partikularinteressen gesteuert wird. Theaterschauspieler geben sich nach jedem Stück gegenseitig Rückmeldungen über die beobachtete Performance. Dies funktioniert, weil sie sich auf ein gemeinsames Ziel verpflichtet fühlen, nämlich das einer überzeugenderen Aufführung vor großem Publikum. Erfolgreiches Feedback im Führungskreis setzt eine ähnliche Übereinkunft voraus.

Spielregeln erleichtern auch beim systematischen Feedback im Führungskreis die Zusammenarbeit. Dabei gelten grundsätzlich die bekannten Regeln für jede Form von konstruktiver Rückmeldung:

Professionelles Feedback erfolgt zeitnah. Es bezieht sich auf bestimmte Anlässe (zum Beispiel eine Betriebsversammlung oder eine Managementtagung), es sollten nicht Wochen verstreichen, bevor man sich zusammensetzt.

Es ist präzise. Allgemeinplätze und Pauschalisierungen bringen Sie nicht weiter. Hilfreich sind Rückmeldungen, die sich eindeutig auf beobachtetes Verhalten beziehen.

Es ist strukturiert. Beschreiben Sie die konkrete Situation, auf die Sie sich beziehen, bevor Sie Ihre Einschätzung anschließen.

Es ist ausgewogen. Feedback sollte positive wie negative Momente berücksichtigen; eine Feedbackrunde sollte nicht zur »Meckerrunde« oder gar Generalabrechnung ausarten. Heben Sie zu Beginn auch hervor, was für Sie gelungen oder überzeugend war.

Es zielt auf das Verhalten, nicht gegen die Person. Formulieren Sie Ihre Rückmeldung als persönliche Einschätzung: Relativierende Botschaften (»Mein Eindruck war ...«; »Ich habe das als ... empfunden.«) sind wirksamer als pauschale Angriffe, die reflexartige Abwehr provozieren (etwa nach dem Muster »Sie sind zu dominant!«).

Es orientiert sich an spezifischen Kriterien. Das könnte ein Kompetenzmodell oder ein Leitbild sein.

Es ist ein Angebot. Jeder entscheidet für sich, was er in Bezug auf sein Verhalten verändern möchte.

Feedbackrunden sollten durch einen versierten Kollegen oder Externen moderiert und nach einem vorab festgelegten Procedere durchgeführt werden. Ein guter Moderator verhindert, dass einzelne Wortführer das Meinungsbild der Runde dominieren, und sorgt dafür, dass der Feedbackempfänger Verständnisfragen stellen kann. Zudem hat er die Funktion, Milde-, Strenge- und ähnliche Effekte auszuschalten.

Mitarbeitergespräche

Das Feedbackinstrument mit der stärksten Verbreitung über alle Unternehmensgrößen hinweg ist vermutlich das strukturierte Mitarbeitergespräch. Mindestens einmal pro Jahr bietet es Gelegenheit zum intensiven Austausch von Vorgesetzten und Mitarbeitern. Jenseits aller unternehmensspezifischen Vorgaben, Kriterienkataloge oder Ablaufpläne geht es primär um einen Soll-Ist-Abgleich von Leistung und Verhalten und die Formulierung von Maßnahmen für die Zukunft. »Jahresgespräch« oder »Zielvereinbarungsgespräch« sind daher gängige Etiketten für turnusmäßige Gespräche, die anlassbezogen ergänzt werden können, beispielsweise durch Kritikgespräche bei akuten Problemen, Übernahmegespräche bei Beendigung der Probezeit oder Wiederkehrgespräche nach Auslandsaufenthalt, Familienpause oder auch längerer Krankheit.

Gelegentlich kommt es vor, dass solche Gespräche als bloße Pflichtübung verstanden und von beiden Seiten eher lustlos abgehakt werden (»Eigentlich ist ja alles klar, aber die Personalabteilung hätte das gern so und erwartet, dass wir diesen Bogen hier ausfüllen …«). Für Sie als Mitarbeiter bedeutet das eine verschenkte Chance, denn das Mitarbeitergespräch ist eine ideale Gelegenheit, die Rollenerwartungen Ihres Vorgesetzten an Sie zu präzisieren. Karriereexperten sind sich einig, dass der selbstreflektierende Vorgesetzte eine Schlüsselfigur für den Erfolg eines Mitarbeiters im Unternehmen ist. Seine Wahrnehmung der Qualität der von Ihnen gespielten Rolle ist ein entscheidender Meilenstein auf Ihrer Karriereleiter

Gestalten Sie das Gespräch daher aktiv mit und holen Sie gezielt Feedback ein, das Ihnen die Wahrnehmung Ihrer Rolle im Unternehmen erleichtert. Mögliche Fragestellungen sind:

- Wie überzeugend nehmen Sie in den Augen Ihres Vorgesetzten die Führungsrolle wahr?
- Wie sollten Sie wirken, um (noch) erfolgreich(er) zu sein?
- Wo sieht Ihr Gegenüber akuten Änderungs- oder Entwicklungsbedarf?
- In welchen konkreten Situationen haben Sie seiner Ansicht nach nicht optimal (re-)agiert?
- Wie beurteilt Ihr Vorgesetzter Ihre Performance hinsichtlich zentraler Führungseigenschaften wie Handlungsorientierung, Kontaktstärke, Einfühlungsvermögen, Konfliktbereitschaft und so weiter?
- Passt Ihr Führungsstil zum Unternehmen, zur Situation und zu Ihrem Team?
- Wie können Sie Ihren Vorgesetzten (noch) wirksam(er) unterstützen?
- Wo sollten Sie Anpassungen vornehmen, um sich für weitere Aufgaben/für die nächste Führungsebene zu qualifizieren?

Reflektieren Sie im Vorfeld des Gesprächs, welche Komponenten Ihrer Führungsrolle Sie zum Thema machen wollen und wo Sie sich konkrete Hinweise erhoffen. Fixieren Sie die Gesprächsergebnisse schriftlich. Dies ist in den meisten Unternehmen zwar ohnehin vorgesehen, bringt aber nur dann wirklich etwas, wenn es von beiden Beteiligten ernst genommen wird und tatsächlich zur Präzisierung von Verhaltenserwartungen und Leistungsansprüchen führt. Letztere werden üblicherweise in Zielvereinbarungen gegossen. Dass sie nur dann etwas wert sind, wenn sie präzise, messbar, realistisch und angemessen sind, dürfte sich herumgesprochen haben. Anders formuliert: Was genau muss bis zum nächsten Gespräch erreicht werden, damit Sie Ihre Rolle bis dahin erfolgreich gespielt haben?

360-Grad-Beurteilungen

Als Leistungsbeurteilung »von allen Seiten« setzt das 360-Grad-Verfahren auf ein umfassendes Feedback aller Instanzen, mit denen eine Führungskraft im Arbeitsalltag kooperiert. Nicht nur der Vorgesetzte, sondern auch Mitarbeiter, Führungskollegen, interne und externe Kunden geben anhand professionell entwickelter Fragebögen ihre Einschätzung zu verschiedenen Komponenten des Führungsverhaltens ab. Dabei werden Eigenschaften durch präzise Verhaltensbeschreibungen operationalisiert, etwa wenn Mitarbeiter Aussagen wie »Für die Erreichung meiner Arbeitsziele lässt mir mein Vorgesetzter genügend Freiraum« als mehr oder weniger zutreffend bewerten oder Führungskollegen sich zu Statements wie »Mein Kollege gewinnt rasch Kontakt und das Vertrauen anderer« äußern. Da die Bewertung aus der Arbeitssituation heraus erfolgt, ist ein hohes Maß an Objektivität beziehungsweise Intersubjektivität und Praxisrelevanz gewährleistet: Das gesamte Ensemble nimmt Stellung dazu, wie gut Sie Ihre Rolle auf der Unternehmensbühne spielen. Ergänzt werden die Voten der verschiedenen Gruppen häufig durch eine systematische Selbsteinschätzung oder auch das Gutachten eines externen Experten auf Basis eines Management-Audits.

Abbildung 3: **360-Grad-Beurteilung**

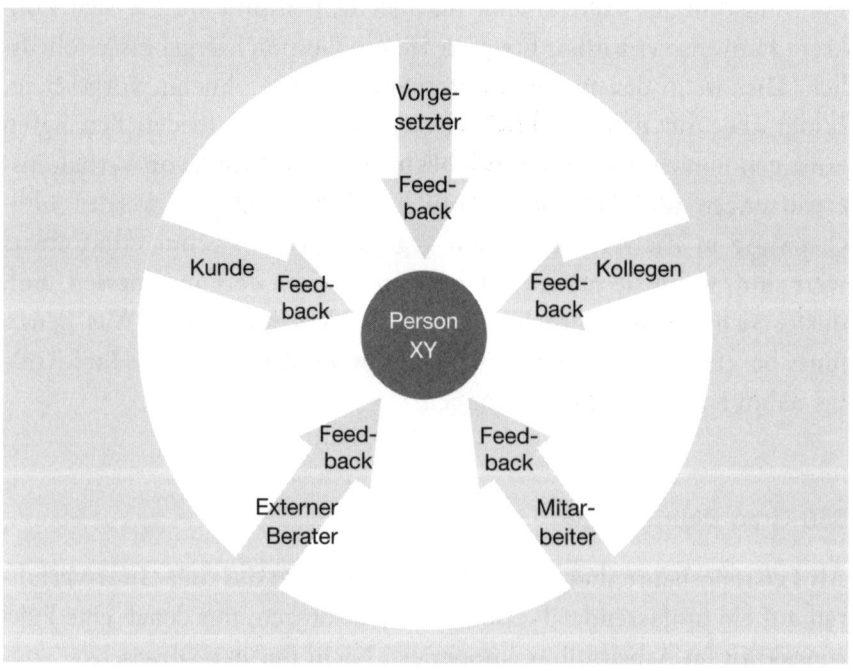

Das anonymisierte Verfahren liefert Ansatzpunkte für persönliche Entwicklungsfelder und Potenziale und fungiert im Unternehmensalltag nicht selten als Krisendetektor:

Beispiel: Andreas P., Bereichsleiter in der deutschen Zentrale eines international aufgestellten Unternehmens im Bereich Automobilservice, wechselt als Geschäftsführer zur kleineren schwedischen Niederlassung. Da er in Deutschland sehr erfolgreich gearbeitet hat, führt P. erste Hinweise seines Vorgesetzten auf »Unmut im schwedischen Team« wenige Monate später eher auf den Neid interner Mitbewerbern zurück. Ein knappes Jahr nach dem Wechsel führt die Londoner Muttergesellschaft eine 360-Grad-Beurteilung der oberen Managementebene durch. Das Ergebnis für P. ist nun alarmierend: Sein Ergebnis fällt im internationalen Vergleich am kritischsten aus, das Feedback seiner Mitarbeiter ist durchweg negativ. Mit Missgunst weniger Karrierekonkurrenten lässt sich das kaum mehr erklären. P.s Vorgesetzter rät zu einem Coaching, und unter dem Druck der Ereignisse willigt P. ein. Der eingeschaltete Coach vertraut nicht allein auf P.s Erklärungsversuche (»schwedische Mentalität«, dazu zwei Opponenten im Team, die die Übrigen auf ihre Seiten gezogen hätten ...), sondern führt Einzelgespräche mit den acht Abteilungsleitern, die P. direkt unterstellt sind. Dabei kam folgende Einschätzung zutage, welche das Ergebnis des 360-Grad-Feedbacks erhellte:

P.s Führungsstil hatte rasch nach seinem Einstand erste Irritationen ausgelöst, denn seine deutsche »Sachlichkeit« klang in schwedischen Ohren eher unfreundlich, seine vermeintliche Zielstrebigkeit wirkte im neuen Umfeld autoritär und seine impulsive Körpersprache wirkte verschreckend. Einfühlungsvermögen sowie sein Rollenverständnis wurden somit als gering eingestuft, sein gesamtes Verhalten als eher demotivierend. Insgesamt schien er wenig vorbereitet zu sein für die internationale Bühne. Das anschließende Teambuilding brachte die gegenseitigen Rollenerwartungen zutage, das flankierende Coaching trug dazu bei, die Führungsrolle (als Bündel der Erwartungen seiner Umwelt) neu zu interpretieren und auszufüllen.

Gegen 360-Grad-Befragungen wird gelegentlich eingewandt, das Instrument könne dank seiner Anonymität für Racheakte missbraucht oder als »Überdruckventil« für Frustrationen genutzt werden, die mit der Führungsleistung wenig zu tun hätten.[15] Auch an der Objektivität der Ergebnisse wird gezweifelt, da verdeckte Arrangements und Absichten das Antwortverhalten beeinflussten – etwa eine »gegenseitige Händewäscherei« nach dem Muster »Deine Beurteilung bringt mir Vorteile, und ich halte dir dafür den Rücken frei«, so die Wirtschaftsjournalistin Christine Demmer in der *Süddeutschen Zeitung*. Abgesehen davon, dass solche möglichen Übereinkünfte durch Urteilsdiskrepanzen der verschiedenen Bezugsgruppen häufig aufgedeckt werden, kann man sich fragen, welcher Begriff von »Objektivität« den Kritikern vorschwebt: Ein Unternehmen ist kein Forschungsgegenstand, bei dem unter weitgehender Ausblendung subjektiver Einflussfaktoren neutrale Werte gemessen werden können; jede Organisation ist vielmehr gekennzeichnet durch ein Konglomerat individueller, emotionaler und damit auch subjektiver Faktoren. Dies genau macht die Unternehmenswirklichkeit aus, und insofern ist die Auslotung subjektiver Befindlichkeiten durchaus objektiv relevant. Das 360-Grad-Feedback ist ein Seismograf für die Zusammenarbeit im Unternehmen. Die Anonymität eröffnet dabei die Chance, manches zutage zu fördern, was sich hinter den Kulissen abspielt. Voraussetzung ist, Befragungsergebnisse eben nicht als selbsterklärende Urteile hinzunehmen, sondern auszuloten: Woraus resultieren diese? »Wenn Unternehmen wirklich eine Streitkultur haben, dann brauchen sie keine 360-Grad-Beurteilung«, meint die Personalexpertin Heide Huck. »Fehlt die offene Kommunikation aber, dann ist das Multi-Source-Assessment die einzige Möglichkeit zu Kritik mit Schadensbegrenzung für die eigene Karriere.« Glaubwürdig ist ein solches Assessment nur, wenn es entsprechende Konsequenzen hat, beispielsweise in Form abgestimmter Personalentwicklungsmaßnahmen wie zielgerichtete Trainingsprogramme oder kompetenzorientierte Coachings.

Im Falle von Andreas P. erfolgte die »Schadensbegrenzung«, wie bereits beschrieben, durch einen Team-Workshop, in dem P. die Basis für einen offenen Dialog mit seinem Team schuf. Dabei kamen auch die unterschiedlichen nationalen Mentalitäten und Führungsstile zur Sprache. Insofern haben die Kritiker Recht: Das 360-Grad-Feedback ist ein

Instrument, das auf Anpassung zielt. Doch genau darin besteht ein Großteil des Führungserfolges – in einer optimierten Anpassung des eigenen Rollenverhaltens an die jeweilige Situation.

Professionell durchgeführt, sorgfältig interpretiert und flankiert von Maßnahmen zur Personalentwicklung ist eine 360-Grad-Beurteilung daher ein äußerst wertvolles Feedbackinstrument für Sie. Dasselbe gilt übrigens auch für Mitarbeiterbefragungen, mit denen Arbeitsbedingungen und Arbeitszufriedenheit im Allgemeinen, aber auch Einschätzungen des Führungsverhaltens im Besonderen erhoben werden. P.s Fall illustriert außerdem, wie relevant die Beachtung der ungeschriebenen Gesetze im Unternehmen für Ihren Führungserfolg sein kann.

Assessment-Center (AC) und Management Audits

Wer auf der Karriereleiter die ersten Sprossen genommen hat, ist mit dem Verfahren des Assessment-Centers in der Regel bereits vertraut – zumindest vom Hörensagen. Zur Bewerberauswahl, aber auch als Instrument der Potenzialanalyse bei vorhandenen Mitarbeitern wird es von zahlreichen Unternehmen bei Nachwuchsführungskräften und Führungskräften eingesetzt. Kennzeichnend ist eine Kombination verschiedener Übungen – beispielsweise Rollensimulationen (Mitarbeitergespräche, Gruppendiskussionen), strategischen Fallstudien, Präsentationen und Aufgabensimulationen – mit Selbsteinschätzungen, Tests und Interviews. Dabei werden die Kandidaten von einem Team geschulter Beobachter anhand vorab definierter Kompetenzen beurteilt. Gruppen-ACs dauern üblicherweise ein oder zwei Tage, ein Einzel-AC für einen Kandidaten nimmt meist einen Tag in Anspruch.

Management-Audits loten ebenfalls vorhandene Managementkompetenzen und -potenziale aus, richten sich aber primär an die oberen Managementebenen. Sie umfassen in der Regel weniger Bausteine als ein klassisches Assessment-Center. Typisch ist eine Kombination von Tiefeninterview, diagnostischen Fragebögen (Selbsteinschätzung, Persönlichkeitsfragebögen) mit einer optionalen 360- oder 180-Grad-Beurteilung. Im Unterschied zur Beurteilung von allen Seiten beschränkt sich Letztere auf die Einschätzung der Kollegen und Vorgesetzten. Management-Audits werden in der Praxis häufig durchgeführt, wenn es gilt, Schlüsselpositionen zu besetzen, Managementteams nach Fusionen oder Übernahmen neu aufzustellen, neue Strukturen und Abläufe zu verankern oder ein Unternehmen auf neue strategische Zielsetzungen hin auszurichten.

Beide Instrumente kommen in der Regel also in Situationen zum Einsatz, die von vielen Teilnehmern als stressbehaftet erfahren werden: in Change-Prozessen oder Selektionsverfahren. Dies führt naturgemäß zu Skepsis oder gar Abwehr. Ratgeber wie die von Jürgen Hesse und Hans Christian Schrader, die »Lippenbekenntnisse, Wunschdenken und Allmachtsfantasien« der Personalexperten wittern, tragen nach Kräften dazu bei. Man unterstellt dem Verfahren Alltagsferne und suggeriert, es käme im Wesentlichen darauf an, situationsgerecht zu »schauspielern«. Richtig ist: Jedes Instrument kann nur so gut sein wie seine Entwicklung und Durchführung. Professionell eingesetzte Audits und Assessment-Center sind auf die jeweilige Unternehmenssituation abgestimmt, leiten die zu beurteilenden Kompetenzen und zu entwickelnden Übungen sauber aus Anforderungsprofilen ab, arbeiten mit sorgfältig geschulten Beobachtern und enden mit einem nachvollziehbaren und schriftlich dokumentierten Feedback an die Teilnehmer, das in einem Feedbackgespräch erläutert wird. Realitätsferne Übungen (nach dem Muster: »Sie sind zu sechst in einer Höhle eingeschlossen, und das Wasser steigt unaufhörlich ...«) gehören inzwischen der Vergangenheit an. Innovative AC-Formen wie das »In-Vivo-Assessment« simulieren einen Tag am neuen Arbeitsplatz und haben somit eine sehr hohe prognostische Relevanz.

Über die Vorteile standardisierter personaldiagnostischer Verfahren schweigen die Kritiker sich gerne aus: Personalentscheidungen werden durch klare Kriterienkataloge, Heranziehen mehrerer Beurteiler und identische Anforderungen an alle Teilnehmer objektiviert. Als Teilnehmer können Sie sich mit Mitbewerbern vergleichen, Sie erhalten Rückmeldung über Ihre Stärken und Entwicklungsfelder sowie Empfehlungen für Ihre persönliche Weiterentwicklung. Ein Beispiel für den Ergebnisbericht eines internen Assessment-Centers für eine Nachwuchsführungskraft in einem mittelständischen Produktionsbetrieb:

Übersicht 2: Beispiel für den Ergebnisbericht eines Assessment-Centers

Erfolgsfaktoren	Entwicklungsfelder
• Zeigt eine strukturierte, systematische und gewissenhafte Arbeitsweise und ein gutes Zeit- und Selbstmanagement. • Zeigt eine gute Präsentationsfähigkeit. • Vermittelt eine hohe inhaltliche Motivation und eine hohe Identifikation mit den aktuellen Aufgaben. • Präsentiert sich offen, transparent und ehrlich. • Zeigt ein differenziertes Argumentationsverhalten. • Nimmt das Verfahren ernst; zeigt eine hohe Entwicklungsmotivation; möchte mehr Verantwortung übernehmen. • Bleibt auch in stressreichen und konfliktgeladenen Situationen ruhig und sachlich. • Zeigt eine hohe Lernfähigkeit und Offenheit für Rückmeldung; zeigt sich bestrebt, Handlungsempfehlungen in das Verhaltensportfolio zu integrieren.	• Sollte sein wenig elaboriertes Führungskonzept um Techniken, Instrumente und Methoden sowie theoretisches Wissen anreichern. • Vermittelt einen eher einseitig sachlich-rationalen Zugang zu Interaktionssituationen; zeigt wenig Emotionalität und agiert kaum auf der Beziehungsebene (kein Beziehungsmanager). • Zeigt Unsicherheit im Umgang mit unternehmerischen Kennzahlen; könnte ein stärkeres Kostenbewusstsein deutlich machen. • Zeigt sich in Führungssituationen autoritär und stark aufgabenorientiert, zulasten der Mitarbeiterorientierung. • Zeigt Lernfeld im Bereich der Interkulturalität.

Aus dem Ergebnis wurden folgende Qualifizierungsvorschläge abgeleitet:

• Trainingsprogramm zum Thema **»Grundlagen der Führung«** mit dem Ziel, Methoden, Instrumente und Techniken zur Personalentwicklung und -motivation sowie zum Zielmanagement zu erlernen und am Arbeitsplatz einsetzen zu können.

- **Führungstraining**, welches sich schwerpunktmäßig mit den eher persönlichkeitsorientierten Facetten von Führung im Sinne von Motivation und Rollen einer Führungskraft beschäftigt, mit dem Ziel, die sehr hoch ausgeprägte Aufgaben- und Zielorientierung um ein angemessenes Maß an Mitarbeiterorientierung zu ergänzen und einen wertschätzenderen Umgang mit unterschiedlichen Mitarbeiterproblemstellungen zu erlernen.
- Literatur und Training zu **betriebswirtschaftlichen Kennzahlen und Grundlagen** mit dem Ziel, die Stellschrauben der Unternehmenssteuerung noch stärker zu erlernen und die Handlungskraft in diesem Bereich in Richtung gesamtunternehmerisches Denken zu entwickeln.
- **Reflexion** der eigenen **Einstellung zu emotionalen und persönlichen Themen**, um diese nicht bereits in der Wahrnehmung auszublenden und zwischenmenschliche Situationen besser einschätzen zu können.
- Literaturstudium: F. Schulz von Thun (2007). **Miteinander reden für Führungskräfte**. Reinbek: Rowohlt Verlag.

Die Führungskraft erhält so präzise Hinweise für die Optimierung des eigenen Rollenverhaltens. Bleibt noch der Vorwurf, Audits und ACs belohnten »Schauspieler«. Hat sich der oben beurteilte Teilnehmer vielleicht nur ungeschickter verkauft als seine Kollegen?

»Es wäre sicher naiv anzunehmen, Teilnehmer eines Assessment-Centers würden nur passiv darauf warten, die relevanten Fähigkeitsdimensionen zu zeigen. Nachvollziehbar wäre, wenn die Teilnehmer sich an den Erfordernissen der Situation, wie zum Beispiel dem Image des Unternehmens, das das Assessment durchführt, dem Verhalten der anderen Teilnehmer, dem Verhalten der Assessoren, der Art der Materialien des Assessment-Centers ... orientieren, um herauszuspüren, welches Verhalten verlangt wird. Es muss daraus geschlossen werden, dass die Teilnehmer gemäß den Regeln des Impression Managements (...) versuchen, sich möglichst gut zu verkaufen.« So der Psychologe Martin Emrich. Es lässt sich also durchaus argumentieren: In einem Assessment-Center werden genau die selbstinszenatorischen Fähigkeiten überprüft, die später für den beruflichen Erfolg ebenfalls ausschlaggebend sind.

Ungeschriebene Gesetze: Was Ihnen keiner sagt

Schon die geschriebenen Regeln im Unternehmen haben ihre Untiefen, weil sie häufig allgemein formuliert, auslegungsbedürftig und in ihrer konkreten Umsetzung variabel sind. Noch mehr Sensibilität und taktisches Gespür sind gefordert, wenn es um die ungeschriebenen Gesetze im Alltag einer Organisation geht, um stillschweigende Übereinkünfte und kleine Signale, um die richtigen Allianzen und den passenden Habitus. Zahlreiche Momente eines gelungenen Rollenspiels werden kaum offen thematisiert, sondern heimlich vorausgesetzt. Sie gehen in Auswahlprozesse ein und bestimmen über Karrieren, aber sie werden in keinem offiziellen Kodex niedergelegt und allenfalls hinter vorgehaltener Hand angesprochen. Äußere Attribute stehen hier häufig am Anfang. Wer sagt schon einem hoch qualifizierten Ingenieur und Teamleiter, dass er dank seiner hartnäckigen Vorliebe für abgewetzte Cordhosen und karierte Hemden wohl niemals zum Leiter Entwicklung befördert werden wird, auch wenn er noch so viele Überstunden macht und glänzende Ideen präsentiert? Wer eröffnet einem Aspiranten um die Position eines Marketingleiters, dass er mit Schuppenregen auf dem dunklen Anzug und Plastikkugelschreiber in diesem Hause garantiert nichts werden wird? Und selbst wenn man in vertrauter Runde munkelt, die Kollegin sei für den Vorstandsposten einer großen Bank zwar grundsätzlich geeignet, aber leider zu übergewichtig – ins Gesicht sagen würde man der Dame das wohl kaum. Wenn Sie sich wundern, dass andere an ihr vorbeiziehen, dann bedenken Sie: Zum Spiel gehört, sich mit den passenden Accessoires auszustatten, in Gestus und Habitus, Optik und Auftreten bestimmten Erwartungen zu entsprechen. Wer diese Erwartungen nicht erahnen oder sich gezielt bei anderen abschauen kann, disqualifiziert sich für eine Besetzung. Elementar ist dabei, das Stück zu verstehen, das im Unternehmen Tag für Tag gegeben wird. In diesem Zusammenhang spricht man auch gerne von Unternehmens- oder Organisationskultur. Was verbirgt sich dahinter?

Welches Stück wird tatsächlich gespielt? – Unternehmenskultur

Kein Unternehmen ist wie das andere, jedes bildet ein ganz eigenes Biotop, dessen Angehörige sich in einer unternehmenstypischen Weise miteinander arrangiert haben. Wie kommuniziert man miteinander? Wie stark werden Hierarchien gelebt? Wie werden Entscheidungen getroffen? Das sind nur einige Punkte, in denen Unternehmen sich beträchtlich voneinander unterscheiden können. Selbst, wer innerhalb einer Branche zu einem Mitbewerber gleicher Größe wechselt, ist vor Überraschungen nicht gefeit. Irritationen und Fremdheitsgefühle in den ersten Monaten resultieren nicht zuletzt daraus, dass der Neuling sich erst mit der Unternehmens- oder Organisationskultur vertraut machen muss.

Edgar H. Schein, Nestor der Forschung zum Thema Organisationskultur, definiert diese als »ein Muster gemeinsamer Grundprämissen, das die Gruppe bei der Bewältigung ihrer Probleme externer Anpassung und interner Integration erlernt hat, das sich bewährt hat und somit als bindend gilt; und das daher an neue Mitglieder als rational und emotional korrekter Ansatz für den Umgang mit Problemen weitergegeben wird«. Eine Unternehmenskultur wird von den Angehörigen der Organisation in der Regel kaum hinterfragt, sondern als »Normalität« betrachtet und tradiert. Dieses Faktum kommt auch in der lapidaren Begriffsdefinition der britischen Autoren D. Bright und B. Parkin zum Ausdruck. Sie schreiben, Unternehmenskultur bedeute schlicht: »So machen wir das hier.« Die von Schein erwähnte »Weitergabe« der Unternehmenskultur erfolgt dabei allenfalls in Ansätzen explizit; vielfach wird unterstellt, dass die praktizierte Vorgehens- oder Sichtweise einfach die unmittelbar Naheliegende sei. Der Unternehmensberater Roland Bickmann spricht daher von der »Eisberg Corporate Culture« und hebt damit die Dominanz nicht offen thematisierter, quasi unter der Oberfläche verborgener Kulturfaktoren hervor. Das Wesentliche ist – wie beim Eisberg – für die Augen unsichtbar. Im Alltag attestiert man Angehörigen *anderer* Unternehmen in diesem Zusammenhang gerne »Betriebsblindheit« – was nicht impliziert, dass man die *eigenen* Gewohnheiten und Wertvorstellungen jeden Morgen beim Betreten des Unternehmens erneut auf den Prüfstand stellen würde. Die Unternehmenskultur ist langjährigen Organisationsmitgliedern so vertraut wie ein alter Schuh: Solange nichts drückt oder scheuert, nimmt man ihn gar nicht mehr wahr. Allenfalls in Krisenzeiten wächst die Neigung, das Procedere des Üblichen und Gewohnten infrage zu stellen, und alle, die dauerhaft mit der herrschenden Kultur hadern, haben wenig Chancen, ihr fünfjähriges Betriebsjubiläum zu feiern. Ein Beispiel:

Beispiel: Der 34-jährige Matthias B. hatte in einem Großunternehmen fünf Jahre Erfahrung als Assistent des Leiters Controlling gesammelt und bewarb sich als Leiter der Buchhaltung in einem Produktionsbetrieb mit 90 Mitarbeitern. Geführt wurde das Unternehmen von der fast 70-jährigen Seniorchefin, die von einigen altgedienten Abteilungsleitern unterstützt wurde. Binnen Jahresfrist wollte der kaufmännische Leiter in Pension gehen. Matthias B. solle zu seinem Nachfolger aufgebaut werden, hatte man ihm im Vorstellungsgespräch bekundet. Der Kandidat startete voller Optimismus, wunderte sich jedoch schon nach wenigen Tagen darüber, dass man ihn nur mit wenig herausfordernden Aufgaben betraute. Er wurde eher mit banalen Buchungsvorgängen »beschäftigt«, ein Einarbeitungsplan existierte nicht. Auch im Bewusstsein, so sein Gehalt eigentlich nicht wert zu sein, begann B., sich nach und nach selbst einen Eindruck vom Unternehmen und seinen Abläufen zu verschaffen, befragte Mitarbeiter und bat sie, ihm das eine oder andere zu erläutern. Es entsprach seinem Verständnis heutiger Buchhaltung, die Interessen seiner internen Kunden in den Mittelpunkt zu rücken. Auch hatte er vor, sich mit seinem Vorgehen im Kreise der Führungskräfte nachhaltig zu positionieren. Sein Vorgesetzter bedeutete ihm in einem Meeting schroff, er möge »die Leute nicht von der Arbeit abhalten«. Sein Einwand, er müsse seine eigentlichen Aufgaben doch kennen lernen, stieß weitgehend auf Unverständnis: Das brauche eben seine Zeit. B. blieb bei seiner Vorgehensweise und erhielt zwei Wochen später seine Kündigung: Jemanden, der so offensichtlich das Unternehmen »umkrempeln« wolle und sich »permanent in Dinge einmische, die ihn nichts angingen, würde kulturell nicht passen«.

Mit etwas mehr Sensibilität für tradierte Unternehmenskulturen wäre B. dies vermutlich nicht passiert – oder er hätte die Position gar nicht erst ins Auge gefasst. Zwischen einem Großunternehmen mit innovativer Produktpalette und einem inhabergeführten Kleinunternehmen traditioneller Prägung liegen Welten. Während bei seinem vorherigen Arbeitgeber zwar eine aggressiv-defensive Kultur herrschte, mit Elementen eines internen Wettbewerbs und manchen Machtspielen, waren andererseits Zuständigkeiten eindeutig geregelt und es wurde Wert auf eine professionelle Einarbeitung und Personalentwicklung gelegt. Dagegen regierte im neuen Unternehmen die Seniorchefin, umgeben von Abhängigen. Sie legte Wert darauf, dass sich jeder Neuling erst einmal »seine Sporen verdienen« müsse, bevor man ihm mehr zutrauen könne. B.s Kulturschock ist also wenig überraschend: Hätte er sich in die ihm zugedachte Rolle in einer passiv-defensiven Kultur zunächst eingefügt und seinen Handlungs- und Aufgabenspielraum im Anschluss an ein zu ihm gewachsenes Vertrauen sukzessive in Richtung »konstruktive Kultur« erweitert, hätte er in seiner neuen Funktion vermutlich Erfolg gehabt und in seiner späteren Verantwortung als kaufmännischer Leiter einen nachhaltigen – und für das Unternehmen vermutlich notwendigen – Kurs in Richtung Veränderung einschlagen können.

Unternehmens- und Organisationskulturen beschreibend geht Edgar H. Schein, den »Eisberg«-Gedanken aufgreifend, von einem Drei-Ebenen-Modell aus:

Übersicht 3: Drei-Ebenen-Modell der Unternehmenskultur nach Edgar H. Schein

Ebene 1	Sichtbare Verfahrensweisen, Artefakte, Erzeugnisse, Rituale, Mythen und so weiter
↕	
Ebene 2	Gefühl für das Richtige, kollektive Werte
↕	
Ebene 3	Grundannahmen, Beziehungen zur Natur und anderen, Zeit- und Aktivitätsorientierung

Nach Edgar H. Schein: *Organizational Culture and Leadership. A Dynamic View.* San Francisco 1985.

Zur ersten Ebene der unmittelbar beobachtbaren Ausprägungen der Unternehmenskultur zählt Schein unter anderem Leitbild und Logo der Organisation, den Zuschnitt der Büros, die verwendete Technologie und das Kommunikationsverhalten. Wer als Führungskraft in spe ein neues Gebäude mit viel Stahl und modernem Design betritt und sein verglastes Büro auf der Ebene der Mitarbeiterbüros vorfindet, wird seine Rolle intuitiv anders definieren als der Kollege in der Altbauvilla, den das klassische Vorzimmer, eine dunkle Holztür und zwei Stockwerke von seiner Mannschaft trennen. Und wem schon bei der Einstellung bedeutet wird, der Unternehmensgründer gehe gern am frühen Morgen durch die Büros, um sich zu vergewissern, ob auch alle Mitarbeiter pünktlich anwesend seien, darf durchaus erste Rückschlüsse auf den jenseits aller Lippenbekenntnisse zur Kooperativität tatsächlich gepflegten Führungsstil ziehen. Der jährliche Geburtstagsblumenstrauß oder das Sommerfest im Betriebshof werfen als Rituale ebenso ein Licht auf den Umgang miteinander wie die Prämierung des »Mitarbeiters des Monats« oder eine streng hierarchische Sitzordnung in der Kantine.

Ebene 2 betrifft tiefer verwurzelte Einstellungen der Unternehmensmitglieder, also gemeinsame Werte entsprechend dem oder abweichend vom offiziellen Leitbild, sowie Überzeugungen, wie man die Dinge tut. Wie aufgeschlossen ist man gegenüber Neuerungen, wie leistungsorientiert und kundenfreundlich ist ein Unternehmen tatsächlich? Stehen Tradition und Bewährtes im Mittelpunkt (wie etwa beim passiv-defensiven Stil einer Wohlfahrtsorganisation), oder setzt man auf Innovation und Leistungsorientierung (konstruktiver Stil)? Pflegt man eine hohe Wettbewerbsorientierung bis hin zur Ellenbogenmentalität (beispielsweise den aggressiv-defensiven Stil eines Strukturvertriebs), oder sind Konkurrenzdenken oder gar offene Auseinandersetzungen grundsätzlich tabu?

Die Kulturphänomene auf der dritten Ebene schließlich sind tief verankerte Grundannahmen, die als selbstverständlich vorausgesetzt und daher gar nicht bewusst wahrgenommen werden. Als wahrnehmungsleitende Glaubenssysteme bestimmen sie das Denken und Handeln. Bewusst wird die »eigene Brille« beim Blick auf die Welt allenfalls in der Konfrontation mit anderen Sichtweisen – etwa, wenn ein auf Individualismus und persönlichen Erfolg eingeschworener Westeuropäer oder US-Amerikaner sich im Auslandseinsatz mit einer kollektiven Mentalität im asiatischen Raum arrangieren muss oder wenn die deutsche »Zeit ist Geld«-Mentalität auf süditalienische Nonchalance in Sachen Termintreue trifft.

Wer sich gegen die herrschende Unternehmenskultur zu stemmen versucht, steht von vornherein auf verlorenem Posten. Das gilt selbst für Topmanager wie den Disney-Präsidenten Michael Ovitz, der nach nur 14 Monaten im Amt seinen Stuhl räumen musste. Die Gründe skizzierte Disney-Vorstand Michael Eisner so: »Er begann die Leute vor den Kopf zu stoßen. Er ging immer mehr auf Konfrontationskurs ... Wenn wir anderen einen Bus benutzten, um zu einer Klausurtagung zu fahren, ließ er sich von einem Chauffeur hinbringen. (...) Er verbreitete eine sehr schlechte Stimmung, drücken wir es einmal so aus.«[16] Ovitz' Abgang ließ sich der Disney-Konzern immerhin 38 Millionen Dollar Abfindung und ein Aktienpaket von 100 Millionen Dollar kosten – und das alles nicht etwa wegen einer mangelhaften Performance, sondern wegen Ovitz' offensichtlicher Unsensibilität in Sachen Unternehmenskultur. Er spielte seine Rolle schlicht nicht so, wie es von ihm erwartet wurde: In einem Unternehmen, das auf Kollegialität großen Wert legte, inszenierte er sich als Big Boss. In einem anderen Umfeld wäre möglicherweise genau das gefragt gewesen.

Welche Indizien sollten Sie berücksichtigen, um Ihr Auftreten auf die herrschende Kultur abzustimmen?

- Wie stark werden Hierarchien gelebt und nach außen dokumentiert?
- Wo liegen die eigentlichen Machtzentren im Unternehmen (jenseits des offiziellen Organigramms)? Wessen Wort hat Gewicht, welche Abteilungen genießen besonderes Renommee?
- Wie sind die Toppositionen besetzt? Wer kommt im Unternehmen weiter? Wovon hängt das ab? Wie treten diese Leute auf?
- Was für eine Sprache wird gesprochen? Wenn alles und nichts sagende Anglizismen dominieren, tun Sie sich mit klaren Statements in deutscher Sprache nicht unbedingt einen Gefallen.

- Wie geht man miteinander um? Eher förmlich oder locker, eher offen oder eher reserviert?
- Wie stark ist das Klima von Rivalität geprägt? Dominieren Intrigen und harte Machtspiele, oder geht es eher fair zu?
- Wie bürokratisch oder flexibel sind Prozesse? Überwiegen Vorschriften, Regeln und Checklisten, oder dominieren Ad-hoc-Lösungen und kreatives Chaos? Wird vieles im Vorbeigehen mündlich geregelt oder per Vermerk mit Kopie an große Verteiler?
- Wie werden Konflikte ausgetragen? Mit offenem Visier, durch taktisches Agieren im Hintergrund oder durch das routinierte Kehren unter den Teppich?
- Wie verlaufen Meetings? Was charakterisiert den Umgang der Teilnehmer miteinander und wessen Wort zählt?

Personalexperten haben Modelle entworfen, um das »weiche« Phänomen der Unternehmenskultur fassbarer zu machen. Hier zwei von ihnen, die Ihnen die Einschätzung Ihrer eigenen Umgebung erleichtern können.

Die Kulturtypologie von Deal/Kennedy

Die US-Manager Terrence E. Deal und Allan A. Kennedy differenzieren Unternehmenskulturen entlang zweier Dimensionen: finanzielles Risiko und Feedback, verstanden als Geschwindigkeit, mit der eine positive oder negative Rückmeldung erfolgt. Daraus resultieren vier Typen von Kulturen:

Mit einer Brot-und-Spiele-Kultur sind zum Beispiel kleinere Dienstleister (IT, Webdesign, PR) und Freiberuflerkulturen passend umschrieben, die sich täglich am Markt beweisen müssen. Solche Einheiten leben nicht selten von der tendenziellen Bereitschaft zur Selbstausbeutung. Wer hier in Stressphasen auf die gesetzlich erlaubte tägliche Höchstarbeitszeit zu pochen wagte, würde deutliches Befremden auslösen.

Es gehört nicht viel Fantasie dazu, um sich auszumalen, dass in einer typischen Prozess-Kultur vor allem die reibungsfreie Anpassung an etablierte Abläufe und Strukturen gefordert ist. Bürokratische Apparate haben im Allgemeinen ein zähes Beharrungsvermögen gegenüber »Störenfrieden« von außen, die Dinge anders machen oder beschleunigen wollen. Außer in akuten Krisenzeiten ist die bevorzugte Mitarbeiterrolle hier die eines weiteren gut funktionierenden Rädchens im Getriebe, und zwar exakt an der Stelle in der Maschinerie, die im Anforderungsprofil definiert ist.

Übersicht 4: Typen von Unternehmenskulturen

		Risiko	
		niedrig	hoch
Feedback und Belohnung	schnell	*Work hard – Play hard* Brot-und-Spiele-Kultur	*Tough-Guy, Macho Culture* Alles-oder-nichts-Kultur
	langsam	*Process-Culture* Prozess-Kultur (oder Bürokratie)	*Bet-your-company* Analytische Projektkultur

Nach Terrence E. Deal, Allan A. Kennedy: *Corporate Cultures*. Jackson 2000.

In einer Alles-oder-nichts-Kultur wäre dagegen ein solches eher passives Selbstverständnis der sichere Weg ins Abseits. Hier sind Wettbewerbsorientierung und Risikofreude gefragt – eben »tough guys – and girls«. Wer Härte zeigt und auch mal einstecken kann, findet Anerkennung, wer sich Schwächen erlaubt, fliegt aus dem Spiel. Einige Unternehmensberatungen suchen dementsprechend nach kulturkompatiblen Mitspielern.

Eine Analytische Projektkultur findet man beispielsweise in Organisationen, die auf öffentliche Budgets (etwa Fördergelder) angewiesen sind. Man lebt mit dem Risiko, dass der Geldfluss plötzlich versiegt, zwischen solchen Entscheidungen arbeitet man aber einigermaßen gemächlich. Gefragt ist hier eine hohe Identifikation mit dem Unternehmenszweck, sei es der jeweilige Forschungszweig, sei es ein soziales Projekt, das schon morgen vor dem Aus stehen könnte.

Unternehmenskulturen nach Kellner

Die Unternehmensberaterin Hedwig Kellner wiederum orientiert ihre Typologie der Unternehmenskulturen grob am Lebenszyklus von Organisationen. Sie differenziert:

Übersicht 5: **Unternehmenskulturen**

Gründer-kulturen	Neugründungen, die stark von der Person des Gründers geprägt sind, zeichnet neben einem informellen Umgang (man duzt sich, jeder kleidet sich, wie er will) häufig ein gewisses Maß an Chaos aus. Das Unternehmen wächst, doch die Organisation wächst nicht mit – nicht zuletzt, weil der Überzeugungstäter an der Spitze eine Abneigung gegen alles »Bürokratische« hat. Seine Ansprüche an die Mitarbeiter entsprechen seinem eigenen Arbeitsstil. Für Privatleben, Familie oder Hobbys bleibt wenig Zeit. Hinter der saloppen Atmosphäre verbergen sich klare Leistungsansprüche. Die Macht im Unternehmen hat meist eine kleine Clique von Männern und Frauen der ersten Stunde, die sich eng um den Unternehmensgründer schart. Die Rolle, die man hier zu spielen hat, heißt: Nach außen immer locker bleiben, aber hart arbeiten und bloß nicht die Gründerclique verärgern.
Wachstums-kulturen	Diese »Dschungelkulturen« entstehen, wenn Gründerkulturen erfolgreich wachsen. Die Machtstrukturen werden unübersichtlich, und man unternimmt erste Versuche, das organisatorische Chaos in den Griff zu bekommen. Was dabei herauskommt, hängt von Einzelpersonen und von den Seminaren ab, die diese mehr oder weniger zufällig besucht haben. Erfolg haben kluge Taktiker mit Ellenbogenmentalität. Die Rolle, in der man hier erfolgreich ist? »Jeder Ihrer Kollegen ist ein Raubtier«, schreibt Kellner. Als zahnloser Tiger kommen Sie hier nicht weiter.
Konzern-kulturen	Konzerne ähneln Großbürokratien: Hier regieren Vorschriften, Formulare und Vermerke. Dahinter verbirgt sich

eine ausgesprochene Absicherungs- und Kontrollmentalität. Der Dienstweg ist unbedingt einzuhalten, Zuständigkeiten sind strikt zu respektieren. Entscheidungen durchlaufen einen längeren Bewilligungsprozess, für den es keine Abkürzung gibt. Wer es versucht, holt sich eine blutige Nase. Dafür bieten Großunternehmen einigermaßen sichere Arbeitsplätze, gute Sozialleistungen und interessante Karriereperspektiven.

Die Rolle, die Ihnen zugedacht ist: Genau das zu tun, was übergeordnete Abteilungen dem Kästchen im Organigramm, in dem Sie sich wiederfinden, zugeordnet haben. Wenn Sie sich außerdem an den Dresscode halten, moderat-dynamisch auftreten und Kontakte zu den richtigen Entscheidungsträgern knüpfen, steht einer Karriere nichts im Wege.

Mega-Kulturen

So bezeichnet Kellner die Fortführung der Konzernkultur, die meistens durch die Fusion großer Unternehmen entsteht. Global operierende Mega-Kulturen bieten internationale Karrierechancen, zeichnen sich jedoch durch für den Einzelnen undurchsichtige Machtstrukturen aus. Niemand weiß, ob das Topmanagement nicht schon morgen die Produktion nach Rumänien, den IT-Service nach Indien oder die Weiterbildung nach London verlagert.

Die Rolle, in der Sie hier erfolgreich sind: kosmopolitisch, uneingeschränkt flexibel und ohne Scheu vor Unsicherheit und Unübersichtlichkeit.

Freiberufler-kulturen

… sind für Kellner wendige Einheiten, die von überwiegend jungen, abenteuerlustigen Mitarbeitern dominiert werden, etwa in den Bereichen Medien, Agenturen und Dienstleistung. Niemand weiß, was morgen sein wird, wenn das aktuelle Projekt abgeschlossen ist. Es gibt keine Sicherheit, dafür zehrt man vom »Spaßfaktor«. Je nach Spürnase und Geschäftstüchtigkeit kann das Ganze ins große Geld münden, oder aber in die Sozialhilfe.

Welches Rollenspiel wird hier erwartet? Das des kontaktfreudigen, begeisterungsfähigen, gern auch mal Nächte durcharbeitenden Einzelkämpfers.

Virtuelle Kulturen	… etablieren sich dort, wo Austausch und Zusammenarbeit im Wesentlichen über das Internet organisiert werden, und ähneln, was Stabilität und Perspektiven, aber auch Rollenerwartungen angeht, den Freiberuflerkulturen.

Nach Hedwig Kellner: *Karrieresprung durch Selbstcoaching*. Frankfurt am Main 2001.

Ergänzen könnte man Kellners Systematik um klassische Mittelstandskulturen. Im positiven Fall dominieren flexibel funktionierende Organisationen, ein hohes Maß an Eigenverantwortung und Wir-Gefühl. Im negativen Fall sind es verkrustete Strukturen, eine marode Stimmung der Belegschaft und wirtschaftliche Schwierigkeiten vor dem Hintergrund strategischer Fehlentscheidungen. Bei seiner Beobachtung der *Hidden Champions des 21. Jahrhunderts* kommt Hermann Simon zu dem Schluss, dass bei den erfolgreichen Unternehmen und Marktführern neue Mitarbeiter, die nicht ins Team passen, schnellstmöglich »ausgeschwitzt« werden. Rekrutierung und Bewährung im Job geschehen durch das Team – umso wichtiger ist die Sensibilität des Einzelnen für die vom Umfeld erwartete Rollenformatierung, die – zumindest während der Probezeit – keine allzu großen Spielräume für Eigeninterpretationen zulässt.

Welche Ausstattung wird erwartet? – Statussymbole

»Wenn [der Höfling] ferner in öffentlichen Schaustellungen beim Lanzenbrechen [auftritt] … wird er Sorge dafür tragen, ein Pferd mit schöner Ausrüstung, ordentliche Kleider, geeignete Sinnsprüche und geistreiche Erfindungen zu haben, die die Augen der Anwesenden wie der Magnet das Eisen auf sich ziehen«, schrieb der Renaissance-Diplomat und Verfasser des *Buchs vom Hofmann (Il Libro del Cortigiano)* Baldassare Castiglione vor etwa 500 Jahren. Ersetzen Sie Lanzenbrechen durch Aktionärsversammlung, Pferd durch dunkle Limousine, ordentliche Kleider durch Maßanzug, Sinnsprüche durch griffige Erfolgsformeln – und Sie sehen: Es hat sich seit dem 16. Jahrhundert wenig geändert. Auch wenn wir uns weit entfernt wähnen vom repräsentativen Pomp einer höfischen Gesellschaft, achten wir nach wie vor auf äußere Indizien von Macht und Einfluss und setzen sie – bewusst oder unbewusst – auch selbst ein. Denn der Mensch ist ein Augentier, und Bilder werden auch im 21. Jahrhundert noch schneller verarbeitet und besser behalten als das gesprochene Wort. Bis heute erkennen Sie auf der Regierungsbank bereits an der Höhe der Rückenlehne, wer das Sagen hat, und bis heute können Sie sich in der samstäglichen Warteschlange beim Bäcker aufgrund der Kleidung mühelos zusammenreimen, ob Ihr Vordermann eher Anwalt oder Malergeselle, die vor Ihnen wartende Frau eher Friseurin oder Managerin ist. Jogginganzug und Adiletten sind im gehobenen Freizeitdress ebenso selten wie Plastiknägel und greller Modeschmuck im Management.

Statussymbole sind Erkennungszeichen, die zumindest dem Eingeweihten rasch und eindeutig eine simple Frage beantworten: Spielen wir in derselben Liga? Das macht sie für das Rollenspiel im Unternehmen unverzichtbar. Moritz Freiherr von Knigge und Claudia Cornelsen haben gängige Statussymbole auf ihren Aussagewert hin geprüft und sind auf insgesamt sieben gesellschaftliche »Tugenden« gekommen, die sich durch die gängigen *Zeichen der Macht* ausdrücken lassen: Erfolg, Tradition, Wissen, Dynamik, Gemeinsinn, Weltoffenheit und Bescheidenheit. Anders gesagt: Wer im Unternehmen vorwärtskommen will, präsentiert sich am besten als erfolgreich und solvent, mit solider Bodenhaftung und umfassender Allgemeinbildung, tatkräftig und fit, kosmopolitisch und sozial engagiert gleichermaßen. Wie setzen Sie die richtigen Signale? Hier nun rasch umsetzbare Tipps für die optimale Selbstinszenierung. Wie weit Sie sich den gängigen Kostümierungen im Unternehmenstheater unterwerfen mögen, überlassen wir gerne Ihrem kritischen Urteil – aber die gängigen Tricks zu durchschauen, schadet in keinem Fall.

Kleidung und Accessoires

Wer bei Google eine »Imageberatung« sucht, kann aus über 11 000 Angeboten wählen. Eine florierende Branche verspricht wahre Wunder von der »Persönlichkeits-Optimierung« über das »Image-Upgrading« bis zur gezielten »Erfolgssteigerung« durch das richtige Outfit. Auch der Unternehmensberater, Managementtrainer und Experte für Corporate Speaking Stefan Wachtel, der Unternehmensvorstände für Fernsehauftritte und Reden vorbereitet, unterstreicht: »Ist Bekleidung Ausdruck einer Rolle, dann darf sie nicht der Zufälligkeit unterliegen.«

Wenn Sie wissen wollen, was zu Ihrer Rolle im Unternehmen passt, genügt es häufig schon, sich erfolgreiche Kollegen und Vorgesetzte genauer anzuschauen. Auch wenn Sie Ihre Karriere nicht im Maßanzug starten, werden Sie beobachten, dass im Allgemeinen zählt, was gut und teuer ist. (Ausnahmen pflegen Unternehmen wie die *taz* oder die mittlerweile gescheiterte Frankfurter Ökobank.) Das gilt auch über branchenspezifische Dresscodes hinweg: In kreativen Branchen wird eher in teure Designerlabels als in den zeitlosen Anzug der Traditionsmarke investiert. Die Theaterszene setzt auf puristische Kleidung, Hauptsache, sie ist schwarz. Entscheidend ist, dass Sie auch optisch das deutliche Signal setzen, dazuzugehören. Sie machen es sich erheblich leichter, als Mitglied des Ensembles akzeptiert zu werden, wenn Sie das richtige Kostüm tragen. Natürlich gibt es einige Refugien für saloppes Auftreten: Der Politikprofessor und Parteienforscher kann im dunklen Sweatshirt und mit flusiger Haarmähne im *heute journal* die aktuelle Parteienlandschaft kommentieren (und kultiviert damit gleichzeitig seinen intellektuellen Habitus), der Vorstandsvorsitzende eines DAX-Unternehmens im gleichen Outfit wäre ein Skandal.

Eine Stilberatung, die ihr Geld wert ist, beschäftigt sich daher nicht nur mit schmeichelhaften Farben und günstigen Schnitten, sondern mit der Rolle, die jemand im Rahmen eines Unternehmens und dessen Markenauftritt zu spielen hat. »Dresscode und Style ist die Verbindung von Unternehmenswerten, authentischem Stil und der Repräsentierung für potenzielle und bestehende Zielgruppen«, betont PR-Profi Sabina Wachtel, die Vorstände berät. Im Maschinenbau geht es hemdsärmeliger zu als in der Finanzdienstleistung, und ein Unternehmen, das High-Tech-Innovationen entwickelt, präsentiert sich auch nach außen anders als der Hersteller von Weihnachtskrippen. Nicht ohne Grund formulieren manche Unternehmen daher offizielle Bekleidungsvorschriften, und nicht zufällig können Sie mit geübtem Auge an der Fußgängerampel im Frankfurter Bankenviertel schon am Anzug erkennen, ob jemand eher bei einer angesehenen Privatbank oder einer örtlichen Sparkasse arbeitet. Ab einem gewissen Karrierelevel gilt aber auch für andere Branchen: Statt im Kaufhaus nach Sonderangeboten Ausschau zu halten, lohnt der Gang zum Herrenausstatter. Insider erkennen an kleinen Details, ob ihr Gegenüber ein Ebenbürtiger ist. Dazu gehören Maßhemden und Manschettenknöpfe, das Hemd mit persönlichem Monogramm auf der Brusttasche oder der Manschette, Anzüge vom Designerlabel oder Schneider, maßgefertigte Fußbekleidung – allesamt Statussymbole, die Erfolg verkörpern.

Entscheidend ist, dass all diese Signale scheinbar dezent daherkommen, innerhalb der relevanten Bezugsgruppe aber dennoch unmissverständlich sind. Auch deswegen eignen sich Armbanduhren hervorragend als Statussymbole, wobei man durch edle Klassiker ebenso punkten kann wie durch moderne höherpreisige Chronometer. Wenn Sie damit in Ihrem Sportverein nur Achselzucken auslösen, sollte Sie das nicht irritieren: Entscheidend ist, dass Ihre Statusbotschaft in Business-Meetings und bei Geschäftsessen ankommt. Für den Fall, dass Sie mit einer Rolex liebäugeln: Der teure Zeitmesser ist zwar ein eindeutiges Signal (und würde vielleicht im dörflichen Sportverein beeindrucken), aber alles andere als dezent – und damit womöglich in einem vornehmen Milieu als protziges Aufsteigerutensil disqualifiziert. Schließlich fahren Bankvorstände – in der Öffentlichkeit – auch eher selten einen roten Ferrari. Dezent und geschmackssicher sind dagegen schlichte, aber kostspielige Taschen und Gürtel, teure Füllfederhalter und Ledermappen, edle Krawatten. Auch die wenigen Frauen im Topmanagement verzichten im Allgemeinen auf modische Experimente und setzen auf hochwertige Eleganz. Wer sich auskennt, sieht mit einem Blick, ob jemand von der Stange oder vom Designer kauft.

Halten Sie es in puncto Outfit also am besten mit dem eingangs zitierten La Rochefoucauld (»Um Erfolg zu erringen, benimmt man sich möglichst so, als ob man ihn schon hätte.«): Orientieren Sie sich an dem, was die Ebene über Ihnen tut, aber vermeiden Sie es, völlig gleichzuziehen oder Ihre Vorbilder gar zu übertrumpfen. So dokumentieren

Sie Aufstiegsambitionen und werden vorstellbar in der nächsthöheren Funktion. Das beginnt schon beim Praktikanten, der während der Zeit in der Unternehmensberatung auf sein Studenten-Outfit verzichtet und seinen Anzug trägt, ungeachtet der Opportunismusvorwürfe seiner jungen Kollegen. Seine optische Botschaft ist eindeutig, seine Ambitionen werden klar signalisiert, und entsprechend steigert er die Chancen auf ein langfristiges Engagement. Dass Kleidung ein sehr starkes und wirksames Indiz der eigenen Rollendefinition ist, illustriert auch die heftige Reaktion auf Gerhard Schröders »Brioni-Fotos«: Hier wurde die Anzugmarke auch als politisches Bekenntnis des »Genossen der Bosse« gedeutet.

Aussehen

Die Führungsexpertin Professor Sonja Bischoff befragt seit 1986 in regelmäßigen Abständen Männer und Frauen in Führungspositionen zu ihren Erfahrungen. Auf die Frage, ob die äußere Erscheinung wichtig sei beim Berufseinstieg, antworteten 1986 6 Prozent mit »Ja«, 2003 waren es schon 27 Prozent. »Damit überholte die Optik die Bedeutung von Sprachkenntnissen (26,6 Prozent) und war fast so wichtig wie die persönlichen Beziehungen (28 Prozent)«, kommentieren Lisa Nienhaus und Stefani Herget in der *Frankfurter Allgemeinen Sonntagszeitung* unter der provozierenden Überschrift »Schönheit macht reich«. Im selben Artikel berichtet der öffentlichkeitswirksame Schönheitschirurg Werner Mang, ein Drittel aller Operationen, die er durchführe, sei mittlerweile berufsbedingt. »Ob jemand für durchsetzungsfähig gehalten wird, hat sehr viel mit dem Äußeren zu tun«, so Mang. »Wer schlank ist, Haare auf dem Kopf und keine Tränensäcke hat, wird als erfolgreicher wahrgenommen.« Beide führen die gestiegene Relevanz des Aussehens auf die Bilderflut äußerlich perfekter Menschen in Werbung und Medien zurück.

Auch wenn das Thema »Werte und Moral im Management« ein medialer Dauerbrenner ist, gefragt sind Werte offensichtlich vor allem dann, wenn sie in ansprechender Optik daherkommen. Das muss nicht den Gang zum plastischen Chirurgen bedeuten, doch das Minimum ist ein fitter, agiler und gepflegter Auftritt. Dazu gehört bei vielen die dezente Bräune ebenso wie die schlanke Figur und die ansprechende Frisur. Ein Vorstand, der bleich, schlecht rasiert und erkennbar gestresst vor die Kameras tritt? Undenkbar. Auch wenn im Unternehmen gerade der Sturm tobt, sieht man am besten aus, als käme man just von einem dreiwöchigen Segeltörn im Mittelmeer zurück. Knigge und Cornelsen zählen passend dazu »Dynamik« zu den unverzichtbaren Statussymbolen; die Botschaft, die es zu streuen gelte, laute: »Ich habe Körper und Sexappeal!« Die Fitness-Studios boomen, und eher beleibte Manager wie der frühere EnBW-Vorstand Utz Claassen bleiben die absolute Ausnahme. (Übrigens hat dieser zwischenzeitlich deutlich an Gewicht verloren.) Seine Pfunde im Griff zu haben und gesund zu leben zählt ab einer gewissen Gesellschaftsschicht zu den selbstverständlichen Statusmerkmalen. Da ist es keine Überraschung, dass Studien regelmäßig ergeben: Übergewicht und Krankheit nehmen zu, je weiter es die soziale Leiter nach unten geht. Und auch für Kettenraucher mit Nikotinfingern wird es in qualifizierten Positionen schwierig; sie werden ähnlich wie übergewichtige Menschen schnell als disziplinlos eingestuft. Ausnahmen bilden hier allenfalls energisch-hanseatische Altkanzler.

Je angesehener eine Position ist, desto subtiler werden die Mittel der Abgrenzung: Was alle haben, taugt schließlich nicht mehr als Differenzierungsmerkmal. Wirkliche Erfolgsmenschen haben heute selbstverständlich perfekte Zähne, und auch die Bleaching-Welle ist längst aus den USA nach Deutschland geschwappt. Maniküre und Kosmetik gehören auch für Männer dazu, und es schadet nichts, beim Small Talk Sätze wie »Mein Physiotherapeut rät dazu ...« oder »Mein Personal Trainer sagte kürzlich ...« einfließen zu lassen. Kein statusbewusster Mensch sagt heute mehr »Krankengymnast«, und wer bis zu 150 Euro die Stunde ausgeben kann, damit er morgens professionell begleitet durch den Stadtpark joggt, ist schließlich wer. Nivea berichtete für 2007 über ein 18-prozentiges Umsatzplus im Bereich der Männerkosmetik.

Ob bewusst oder unbewusst, optische Kriterien fließen unweigerlich mit ein, wenn Rollen im Unternehmen zu besetzen sind: Verkörpert der Kandidat, die Kandidatin den Typus eines Marketingleiters, einer Unternehmensberaterin, eines Chefcontrollers? Die Bedeutung von Bewerbungsfotos wird von Stellensuchenden notorisch unterschätzt, obwohl sie für den flüchtigen Erstcheck von Unterlagen eine wesentliche Rolle spielen. Mögen professionelle Personalberater auch regelmäßig an das Allgemeine Gleichbehandlungsgesetz (AGG), welches Diskriminierungen auszuschalten versucht, erinnern: Der Großteil der Klienten legt Wert auf den ersten äußerlichen Eindruck. Und sogar die Körpergröße wirkt sich positiv auf berufliche Chancen aus: Jeder Zentimeter mehr steigert das Bruttogehalt im Schnitt um 0,6 Prozent, so errechnet von der Universität München; die Hälfte aller Vorstandsvorsitzenden der Fortune-500-Unternehmen misst mehr als 1,83 Meter, weiß der US-Wissenschaftsjournalist Richard Conniff zu berichten. Und auch unkonventionelle Vollbartträger sucht man in den Topetagen der Wirtschaft fast vergeblich. Auch hier eine seltene Ausnahme: Aus dem Rahmen fällt Norbert Walter, Chefvolkswirt der Deutschen Bank.

Wer eine Rolle glaubhaft zu spielen beabsichtigt (und diese Entscheidung ist eine sehr persönliche und sehr freiwillige), sollte sie also auch optisch verkörpern. Neu ist diese Entwicklung keineswegs: Schon Ende der Fünfzigerjahre berichtete Erving Goffman von einer Personalberaterin, die beklagte, dass Arbeitgeber vermehrt den idealen »Hollywoodtyp« zu suchen schienen. Wen Mutter Natur hier nicht von vornherein begünstige, der tue gut daran, dem Rat unzähliger Damenmagazine zu folgen und »das Beste aus seinem Typ zu machen«.

Ansprüche und Privilegien

In den Weiten der Weblogs entspann sich eine angeregte Diskussion zum Thema »Wie viele Fenster hat dein Büro?« Dass die Fensterfläche ein Statussignal sei, könne doch nur ein Ammenmärchen sein, lautete die Ausgangsthese. Darauf hagelte es Erlebnisberichte, etwa der Art: »Folgende Aufteilung in der Beletage (dieses Stockwerk ist auch etwas höher gebaut): Geschäftsführer 4 Fenster ums Eck, Bereichsleiter 3 nebeneinander, Abteilungsleiter 2 Fenster, und die sind schon nicht mehr in diesem Stockwerk.« Jemand aus einer Behörde mit 20 000 Arbeitnehmern berichtete von einer offiziellen Regelung, auf welcher Hierarchieebene man ein Recht auf wie viele Fenster habe: »Das geht von 1, dann 1,5 et cetera bis hin zu Eckbüros für Direktoren mit circa 8 bis 10 Fenstern.« Respektlosen Naturen mögen in diesem Zusammenhang unsere nächsten tierischen Verwandten und ihre Statuskämpfe einfallen, und in der Tat gibt es verblüffende Parallelen zwischen Affenhorden und menschlichen Organisationen: Die wichtigen Leute sitzen im Allgemeinen oben, auf dem höchsten Felsen oder im obersten Stockwerk, und haben auch diverse Privilegien, vom Recht auf die schönste Kokosnuss bis zur goldenen Firmenkreditkarte (oder eben dem Büro mit den meisten Fenstern). Den Zoologen und Wissenschaftsjournalisten Richard Conniff hat dieses Thema gleich zu einem ganzen Buch inspiriert: *Was für ein Affentheater* nennt er seine Beschreibung tierischer Verhaltensmuster im Büroalltag.

Conniff stellt die Hypothese auf, das Bedürfnis nach Hierarchie werde dem Menschen in die Wiege gelegt und eine eindeutige Rangfolge sei letztlich segensreich, weil sie permanente Machtkämpfe verhindere und außerdem motiviere, sich für einen Aufstieg und seine sichtbaren Insignien anzustrengen. »Privilegien sind nach wie vor ein starker, positiver Anreiz, insbesondere bei Juniormitgliedern im Team«, zitiert er den stellvertretenden Vorstandsvorsitzenden von General Motors, Robert A. Lutz. »Als ich am Anfang meiner Führungskarriere stand, wollte ich den reservierten Parkplatz und habe hart gearbeitet, um ihn mir zu verdienen.« Nichts wäre törichter, als die Statussymbole, mit denen im Unternehmen Macht und Einfluss sichtbar gemacht werden, großzügig abzulehnen. Das wäre etwa so, als wenn der Königsdarsteller im klassischen Drama plötzlich ohne Zepter und Krone auskommen müsste. Reklamieren Sie das, was Ihnen auf einem bestimmten Level firmenintern »zusteht«, ganz selbstverständlich für sich: Sie dokumentieren dadurch Ihre Identifikation mit der Rolle nach außen und ersparen sich den einen oder anderen Machtkampf.

Typische Privilegien, mit denen man hierarchische Unterschiede zelebriert, auch wenn man offiziell eine »Wir sitzen alle in einem Boot«-Philosophie pflegt, sind: ein Firmenwagen bestimmter Größe, ein reservierter Parkplatz (je näher zum Haupteingang, desto besser), Bahnfahrten 1. Klasse (oder besser noch: Flüge in der Business oder First Class), ein Blackberry, die Größe und Lage des Büros (möglichst groß, möglichst nah zur Chefetage), Fensterflächen (siehe oben) und Büromöbel (von Standardausstattung über Sitzgruppen unterschiedlicher Güte bis zur individuellen Möblierung mit dem eigenen Kunstgeschmack an der Wand), die eigene Sekretärin (oder besser noch mehrere Damen, die einem zuarbeiten und gegen lästige Anrufer abschirmen), Zutritt zu bestimmten Bereichen in der Kantine (oder besser ein eigenes Casino für die obere Führungsebene).

Die informelle Rollenverteilung in einem Team formal Gleichrangiger wird hingegen wesentlich durch die Nähe zum Vorgesetzten bestimmt. Das beginnt schon bei der Sitzordnung in Meetings: Mitarbeiter mit einem besonders guten Draht zum Chef haben ihren Stammplatz häufig direkt rechts von ihm, während Kritiker gern ihm gegenüber Platz nehmen und Randfiguren sich auch räumlich weiter weg vom Machtzentrum positionieren. Auch wer mit dem Vorgesetzten den Raum betritt oder vor dem Meeting mit ihm im vertrauten Gespräch gesehen wird, sammelt Statuspunkte, ebenso wie Kronprinzen (und -prinzessinnen), die einen direkten Zugang zum Chefbüro haben oder sich sogar mit dem Vorgesetzten duzen. In Sitzungen und Konferenzen wird Dominanz außerdem dadurch ausgetragen, wer wie viel Raum belegt. Entsprechend werden Ordner und Unterlagen großzügig ausgebreitet. Das läuft ähnlich wie der Kampf um die Armlehne im Kino oder Flugzeug.

Wer je zwei gestandene Manager über die Vorzüge ihres HON-Circle-Status als Vielflieger hat schwadronieren hören, verliert alle Illusionen hinsichtlich der Relevanz »innerer Werte«. Gehen Sie davon aus, dass bei vielen Begegnungen in der »Business Class« (beim Schweizer Romancier Martin Suter das Synonym für das »glatte Parkett der Chefetagen«) zunächst einmal ein subtiles Kräftemessen »mit hehren Absichten und gepanzerten Ellbogen« stattfindet, wie der Journalist Martin Zingg es ausdrückte: Wer ist wichtiger, mächtiger, bedeutender?

Privates

Was machen Sie eigentlich in Ihrer Freizeit? Wenn Sie am liebsten im Garten arbeiten und mit Freunden in der näheren Umgebung wandern gehen, sollten Sie das als aufstrebendes Mitglied des Managements nicht unbedingt im morgendlichen Bereichsleitermeeting positionieren. Mindestens Freeclimbing darf es schon sein, und wenn Sie ein Faible für Pflanzen haben, dann züchten Sie wenigstens historische Obstsorten oder pflegen einen japanischen Zen-Garten. Auch Hobbys sind heute Statussymbole, besonders relevante sogar, denn sie vermitteln die Illusion, etwas über den Menschen hinter der (Berufs-)Rolle zu verraten. Wer die Vitae erfolgreicher Zeitgenossen aufmerksam studiert, wird sensibel für das starke Moment der Selbststilisierung, dem gerade private Details, die man preisgibt, unterliegen. Wenn der Unternehmensberater Reinhard K. Sprenger über die Zeitschrift *Capital* 2005 mitteilt, »Der zweifache Vater lebt in Deutschland und den USA. Er spielt in einer Band Rock- und Bluessongs«, dann passt das perfekt zu seiner öffentlichen Rolle als unkonventioneller Querdenker. Ex-DaimlerChrysler-Vorstand und Planer einer »Welt AG« Jürgen Schrempp stellte auch als Bergsteiger seine hohen Ambitionen unter Beweis, und Infineon-Chef Ulrich Schumacher ließ spätestens bei seinem spektakulären Auftritt im Rennfahrerdress vor der Frankfurter Börse alle Welt wissen, dass er sich nur ein Leben auf der Überholspur vorstellen kann. Milchkönig Theo Müller dagegen korrigierte sein Rabaukenimage durch den Hinweis, er spiele Violine.

Überlegen Sie also gut, ob das, was Sie über Ihre Interessen erzählen, zu Ihrer Rolle im Unternehmen passt. Mit gezielt gestreuten Informationen können Sie rollenkonforme Eigenschaften betonen (etwa, wenn Sie als aufgeschlossener Abteilungsleiter in Ihrer Freizeit ein Hockeyteam trainieren) oder Rollenklischees korrigieren (beispielsweise, wenn Sie als Verwaltungschef gelegentlich auf ihren schwarzen Gürtel in Karate hinweisen). Gleichzeitig können Sie Ihren Status unterstreichen und sich von der breiten Masse abheben. Es ist sicher kein Zufall, dass Golf in dem Moment an Attraktivität gewann, als Tennis zum Breitensport wurde. Und da Golf mittlerweile das gleiche Schicksal ereilt, denken Sie vielleicht lieber über einen Flugschein nach oder erkundigen sich, wo man Polo spielen kann. Wirklich uninteressante Hobbys können Sie sich erst wieder leisten, wenn Sie ihre Karriereziele erreicht haben – und wie Porsche-Chef Wiedeking Ihre eigenen Kartoffeln anbauen oder wie Angela Merkel einfach ins Grüne fahren. Was bei Spitzenleuten bescheiden und bodenständig wirkt, ist beim Durchschnittsmenschen schlicht langweilig.

Neben einem interessanten Hobby zählen auch die richtigen Urlaubsziele zu den gerne diskutierten Statusmerkmalen. Ein Marketingleiter, der Urlaub auf Mallorca macht, hat seinen Kollegen wenig Neues zu erzählen – es sei denn, er wohne in einem angesagten 5-Sterne-Art-Hotel in Palma und chille abends am angesagten Privatstrand bei lässiger Café-del-Mar-Musik. Mit dem passenden Urlaubsziel können Sie sich als dynamisch, sportlich oder auch als gebildet und kulturbeflissen zeigen, etwa mit der Studienreise nach Vietnam oder auf den Spuren der Inkas in Lateinamerika. Nebenbei unterstreichen Sie elegant, dass Sie sich exotische und teure Ziele locker leisten können. Wer innovativ wirken will, achtet außerdem darauf, die neuesten Trends nicht zu verpassen, und bucht Meditationswochen in einem buddhistischen Kloster oder Ayurveda in Südindien.

»Sie müssen nicht nur optisch Ihrer Rolle entsprechen, sondern sie auch spielen«, schreibt die Human-Resources-Expertin Helga Drummond. Dazu gehört für die rollenkonforme Wahrnehmung qualifizierter Positionen auch der richtige Small Talk – und damit eine gute Allgemeinbildung. Im Idealfall sind Sie in der Lage, über Literatur, bildende Kunst oder Musik ebenso zu plaudern wie über gute Weine, historische Ereignisse oder philosophische Fragen. Für den Normalfall genügt es, einen gewissen Ausschnitt dieser Themen zu besetzen. Dann kann man schon einmal kokett zugeben, von Wein nichts zu verstehen oder sich in der Oper zu langweilen. Unklug wäre nur, das zu tun, bevor sich Ihr Gegenüber von Ihrer eindrucksvollen Kompetenz auf anderen Gebieten überzeugen konnte. Knigge und Cornelsen empfehlen, sich notfalls auf ein Gebiet oder Thema zu konzentrieren, auf dem man dann mit verblüffendem Expertenwissen glänzen könne.

Statuspunkte sammeln Sie daneben natürlich auch mit Ihrer Ausbildung. Hier sind Menschen mit klingendem akademischen Titel im Vorteil, aber auch einen Lehrauftrag an einer Hochschule oder den Besuch eines renommierten Managementseminars kann man an passender Stelle beiläufig erwähnen: »Kürzlich in St. Gallen traf ich in einem Workshop zum Thema XY Frau Dr. Lena B. von der ABC AG. Sie meinte … Was halten Sie eigentlich von der bei ABC praktizierten YXZ-Methode?« Die eigentliche Botschaft ist klar: Man bezahlt Ihnen kostenintensive Seminare, Sie kennen wichtige Leute, und Sie sind inhaltlich auf dem Laufenden. Virtuoser kann man Status kaum demonstrieren: gleich drei Fliegen mit einer Klappe. Wägen Sie auch unter diesem Gesichtspunkt ab, welchen Verbänden und Zirkeln Sie beitreten und bei welchen Veranstaltungen und »Events« Sie sich sehen lassen. Soziales Engagement ist in diesem Zusammenhang nicht nur eine Gelegenheit, um nützliche Kontakte zu knüpfen; Sie runden damit gleichzeitig Ihr Image ab und positionieren sich als integre, wertorientierte Persönlichkeit.

Wenn Sie Ihre Rolle souverän spielen wollen, sorgen Sie also dafür, dass Sie das richtige Kostüm tragen, die passenden Requisiten zur Hand haben und Dinge von sich erzählen, die zu Ihren Aufgaben im Unternehmen passen. Allein mit der adäquaten Kostümierung und Ausstattung macht man zwar selten Karriere, aber ohne beides macht man es sich unnötig schwer. »Alles wird nach seinem Äußeren beurteilt«, schreibt Robert Greene in seinem Buch über Macht. »Was man nicht sieht, zählt nicht.« Wohl gemerkt: Es geht hier nicht darum, dass Sie Ihr Leben vollständig danach ausrichten, was für Ihre berufliche Rolle angebracht ist. Niemand hindert Sie daran, Bierdeckel zu sammeln oder zu Hause im bequemsten Jogginganzug herumzulaufen. Allerdings sollten Sie bewusst entscheiden, was Sie am Arbeitsplatz über sich preisgeben – und was nicht. Und denken Sie daran: Perfekte Statussymbole sind subtil und eindeutig zugleich. Man muss sie nicht lautstark kommentieren. Machen Sie nicht den Fehler eines Medienmanagers, der jedem ungefragt erzählte, seine (optisch fragwürdigen) Hosenträger hätten ihn 300 Euro gekostet. Noch heute erkundigen sich ausländische Geschäftspartner stirnrunzelnd nach dem *»guy with the suspenders«*, und diese Frage hat in der Regel einen wenig schmeichelhaften Unterton.

Wie sieht die Idealbesetzung aus? – Habitus

Der eben beschriebene Hosenträger-Fauxpas wäre der Klientel, mit der sich Michael Hartmann beschäftigt, wohl kaum passiert. Hartmann ist Professor für Soziologie an der TU Darmstadt und beschäftigt sich mit dem Phänomen der »sozialen Rekrutierung«. Seine Kernthese äußerte er in einem Interview mit dem *Stern* 2007: »Wir sind keine Fahrstuhlgesellschaft, in der es für die meisten nach oben geht ... Zum Manager wird man geboren. Vier von fünf Managern der größten 100 Unternehmen stammen aus den oberen drei Prozent der Bevölkerung, dem Großbürgertum. Nur ein Chef aus den DAX-30-Unternehmen ist ein Arbeiterkind.« Die Wirtschaft rekrutiere ihre Topmanager vorwiegend aus Unternehmer- und Managerfamilien, dem gehobenen Beamtentum oder dem Adel. Es handele sich um eine »wirklich geschlossene Gesellschaft«. Auf die Frage nach den Ursachen verweist der Eliteforscher gegenüber dem *Managermagazin* im März 2003 auf den besonderen »Habitus« dieser Gesellschaftsschicht: »Spitzenpositionen werden in der Regel mit Personen besetzt, die der Persönlichkeit des Entscheiders in Habitus und Schlüsselmerkmalen ähneln.« Dieses besondere Profil drückt sich für Hartmann in Umgangsformen, Sprachcodes, einer umfassenden Allgemeinbildung, vor allem aber im »souveränen Auftreten« aus. Man müsse nicht einmal eine bewusste Auslese unterstellen; der Auswahlprozess laufe weitgehend intuitiv ab.

Hartmann bricht damit ein Tabu in einer Gesellschaft, die sich gern als egalitär versteht und auf Chancengleichheit pocht. Er ist jedoch nicht der Einzige, der auf eine schichtspezifische Sozialisation als Karrierefaktor hinweist. Bernd Schmid, erfahrener Coach, kommt vor dem Hintergrund langjähriger Beratungspraxis in der Wirtschaft zu einem ganz ähnlichen Ergebnis. Schmid spricht in diesem Zusammenhang von »Milieufaktoren« als »übernommenen Selbstverständlichkeiten« und resümiert: »Weniger die fehlende Kompetenz lässt viele Menschen gegen gläserne Decken stoßen, als vielmehr der nicht vorhandene Stallgeruch.« Weiche und rational kaum fassbare Kriterien geben demnach den Ausschlag dafür, ob jemand in einer herausgehobenen Führungsrolle wirklich überzeugen kann: Körperhaltung, Gestus und nicht zuletzt das sichere Auftreten jener, die schon im Kindergartenalter ganz selbstverständlich tadellose Tischmanieren gelernt, als Schulkind wichtige Geschäftspartner zu Hause begrüßt und erste Erfahrungen auf dem gesellschaftlichen Parkett gesammelt und über Jahre hinweg am heimischen Abendbrottisch Weltsicht und Haltung einer Führungselite aufgesogen haben. Wer so aufgewachsen ist, nimmt eine Führungsrolle mit größerer Selbstverständlichkeit wahr als ein Aufsteiger, der sich seinen Anspruch auf das unerwartet Erreichte auch vor sich selbst täglich neu beweisen muss: Schließlich ist dem Kandidaten mit großbürgerlichem Hintergrund von Kindesbeinen an vermittelt worden, dass ihm eine solche Position naturgemäß zustehe. »Wenn ich mich auf einen Job bewerbe und auf der Liste steht Meier, Müller, Schmidt oder von Bismarck, bin ich ziemlich sicher, dass ich den Job bekomme«, meinte der inzwischen verstorbene Gottfried Graf von Bismarck im Interview mit dem *Stern* 2007. Er machte bereits während seines Studiums in Oxford eher durch wilde Partys als durch besondere Leistungen auf sich aufmerksam. Und allen Alt-Achtundsechzigerträumen zum Trotz sieht es nicht danach aus, dass sich gesellschaftliche Unterschiede in naher Zukunft entschärfen werden, im Gegenteil: Das Forschungsinstitut Sinus Sociovision diagnostiziert eine wachsende Trennung bereits im Kindesalter: Ein »tiefer Graben [trenne] die bürgerliche Mitte von denen an der Spitze. ... die am oberen Rand der Gesellschaft bewahrten ›bewusst die Distanz‹, so dass sich über die Milieus hinweg kaum Freundschaften bildeten«, lautet das Fazit der Sozialwissenschaftler in einer Studie für die CDU-nahe Konrad-Adenauer-Stiftung.[17]

So weit, so schlecht (es sei denn, Sie gehören zu den privilegierten 3 Prozent und können sich beruhigt zurücklehnen). Die eigentliche Schlüsselfrage lautet jedoch: Kann man den skizzierten Habitus, die großbürgerliche Attitüde des souveränen Führungsanspruchs, lernen? Michael Hartmann sieht das skeptisch. Bernd Schmid ist optimistischer und hebt das »Durchleben von Passungsproblemen als Motor der Entwicklung« hervor. Unstrittig bleibt, dass die Selbstverständlichkeit, mit der sich ein von Bismarck oder der Spross einer Unternehmerdynastie bewegt, in der Führungsetage nur schwer einzuholen ist, und ganz sicher reicht der Besuch eines der unzähligen Seminare zum Thema »Business-Knigge« oder »Auftreten und Persönlichkeit« nicht aus, um Versäumtes in zwei Tagen locker nachzuholen. Empfehlenswert ist vielmehr, den eigenen Blick zu schulen für eben die subtilen Unterschiede im Verhalten, die der großbürgerlichen Elite den Erfolgsvorsprung sichern, und sich gezielt in Situationen zu begeben, in denen man sich im

Auftritt üben kann. Das reicht von kulturellen Veranstaltungen über Vorträge und Diskussionsveranstaltungen bis zur Mitarbeit in Unternehmerzirkeln und Business-Clubs. Und es kann schlicht bedeuten, den gemütlichen Italiener um die Ecke gelegentlich einmal bewusst gegen das Edelrestaurant zu tauschen, die Tanzstundenkenntnisse aus der Teenagerzeit aufzufrischen und Bildungslücken in Eigeninitiative zu schließen. Wofür gibt es Museumsführungen, Bibliotheken und Kulturreisen in die Toskana? Der beste Weg, sein Selbst-Bewusstsein in neuen Situationen zu stärken, ist Übung.

Anregungen zur Selbstreflexion

- Gibt es in Ihrem Arbeitsumfeld Kollegen, die ihre berufliche Rolle »geschmeidiger« ausfüllen? Worauf führen Sie das zurück?
- Welche expliziten Hinweise für eine optimierte Rollenanpassung haben Sie in den letzten Jahren erhalten (beispielsweise in Form von Audit-Ergebnissen, 360-Grad-Befragungen, Zielvereinbarungen)? Kristallisieren sich dabei wiederkehrende Momente heraus?
- Gibt es in Ihrem Arbeitsumfeld mindestens eine Person, die Ihnen regelmäßig unvoreingenommen Feedback gibt? Wenn nein: Wer könnte diese Rolle übernehmen?
- Wie würden Sie die Unternehmenskultur in Ihrer Organisation beschreiben? In welcher Weise berücksichtigen Sie diese Kultur in Ihrem Auftreten und Handeln?
- Wie viel Aufmerksamkeit widmen Sie der Optimierung Ihres optischen Auftritts? Passt Ihr aktueller Auftritt zur Rolle, die Sie wahrnehmen – oder zu der, die Sie möglicherweise anstreben?
- Treten Sie im Kreis Ihrer Führungskollegen und gegenüber dem Topmanagement souverän auf, oder haben Sie (gerade bei informellen Anlässen) manchmal das Gefühl, »nicht mitreden« zu können? Wie könnten Sie das ändern?

5

Engagiert für eine Spielzeit: Führungsrollen erfolgreich besetzen

>»Nichts ist schrecklicher, als wenn die Schauspieler nicht Herr ihrer Rolle sind und bei jedem neuen Satz nach dem Souffleur horchen müssen, wodurch ihr Spiel sogleich null ist, und sogleich ohne alle Kraft und Leben.«
>*Johann Wolfgang Goethe an Eckermann, im April 1827*

Von den Gestaltungsansprüchen der Führungsrolle und von unvermeidbaren Dilemmata in der Führung. Von schwäbischen Firmenpatriarchen und modernen Führungsgrundsätzen. Von den einfachen Lösungsversprechen gängiger Führungsmodelle und der Vielfalt der Alltagsprobleme. Vom eigenen Rollenskript – und warum Sie an eindeutigen Interpretationsangeboten nicht vorbeikommen.

Rolle und Professionalität

Claudia Roth hat Recht, wenn sie konstatiert: »Du wirst engagiert für eine bestimmte Spielzeit – und du hast eine Rolle zu spielen.« So viel nüchterne Hellsichtigkeit überrascht bei der Grünenpolitikerin. Die professionelle Auffassung ihrer Aufgabe mag dafür mitverantwortlich sein, dass Roth sich seit Jahren erfolgreich an der Spitze einer Partei behauptet, an der schon Joschka Fischer verzweifelt ist.

In den Chefetagen der Unternehmen ist der Wettbewerbsdruck kaum geringer als in der Politik. Allerdings drängt sich mehr und mehr der Eindruck auf, dass das professionelle Rollenspiel hier zum Teil grandios misslingt. Seit Jahren wird der Büchermarkt überschwemmt mit

Enthüllungen, Erfahrungsberichten und Selbsthilfekompendien zum Thema »unfähige Vorgesetzte«. Wer behauptet, »Mein Chef ist eine Niete, Ihrer auch?«, hat den Bestsellererfolg schon in der Tasche. Es gibt »Handbücher für Chefhasserinnen«, Stanford-Professoren, die den »Arschloch-Faktor« sezieren, Ratgeber, die verraten, »Wie man im Job überlebt ... ohne seinen Boss zu ermorden«.[18] Und auch jenseits dieses platten Populismus kommt man zu drastischen Urteilen, etwa wenn der Facharzt und Psychologe Gerhard Dammann vor *Narzissten, Egomanen, Psychopathen in der Führungsetage* warnt.

Nebenbei bemerkt: Wer wäre »authentischer« (im zuvor beschriebenen naiven Sinne) als ein Narzisst oder Egomane? Beide sorgen schließlich radikal dafür, ihr Selbst ungefiltert zum Ausdruck zu bringen – eigene Gefühle und Ausdruckverhalten sind deckungsgleich. Dann doch lieber ein intelligent austariertes Rollenspiel, das den Erwartungen unterschiedlicher Bezugsgruppen – darunter den berechtigten Ansprüchen der eigenen Mitarbeiter – kalkuliert Rechnung trägt.

Selbst wenn ein Teil der beschriebenen Führungsmisere strukturbedingt ist und Lamentieren über den Vorgesetzten zum Leben dazugehört wie das Jammern über schlechtes Wetter, ist die Frage, wie man »richtig« führt, seit Jahrzehnten ein Dauerbrenner. Der ungebrochene Bedarf an Coaching und Training lässt darauf schließen, dass vielen Rollenträgern die Komplexität der Führungsrolle bereits im Vorfeld bewusst ist. Und spätestens, wenn es kurz nach Stellenantritt, nach dem Wechsel in eine neue Organisation oder nach dem Erklettern der nächsten Karrierestufe Probleme gibt, sinnt man auch im Unternehmen auf Reparaturen. Während jeder Busfahrer seine Eignung, die Verantwortung für Mitfahrende zu übernehmen, penibel unter Beweis stellen muss, wird manche frischgebackene Führungskraft mit einem risikofreudigen »So, nun mal alles Gute!« auf ihr Team losgelassen. Und Führungsaspiranten selbst vernebelt die Aussicht auf Prestige, Machtzuwachs und Gehalt gelegentlich den Blick für die besonderen Anforderungen ihrer neuen Rolle.

Führen ist ein viel zu komplexes Geschäft, um es mit ein paar simplen Verhaltenstipps in den Griff zu bekommen. Dazu sind die Führungskontexte zu vielfältig, die Erwartungen der relevanten Bezugsgruppen zu unterschiedlich (und oft genug konfliktträchtig), die

Subrollen, die Führungskräfte ausfüllen müssen, zu breit gestreut. Ein traditionelles Führungsverständnis, das beim konservativen Mittelständler ausdrücklich gefragt ist, programmiert im global agierenden Großkonzern womöglich den Misserfolg vor. Der typische Patriarch im schwäbischen Traditionsunternehmen tritt anders auf als der Shareholder-Value-orientierte Konzernmanager. Wollen sie auf Dauer Erfolg haben, sind sich jedoch beide ihrer Rolle und den damit verbundenen Erwartungen bewusst und setzen nicht auf ein simplifizierendes Verständnis von Authentizität. Zu den Erwartungen von Mitarbeitern, eigenen Vorgesetzten und Kollegen an die Führungskraft haben sich längst gestiegene Ansprüche aufgeklärter Endverbraucher und hart kalkulierender Businesskunden gesellt, dazu die Argusaugen der Öffentlichkeit, die mittels Presse, Verbraucherorganisationen oder NGOs über Umweltverträglichkeit, »Nachhaltigkeit« und andere Formen politischer Korrektheit wacht. Führungskräfte sollen Coach ihrer Mitarbeiter sein, aber auch zielorientierte Planer und präzise Erfolgskontrolleure, Motivatoren, Visionäre, Organisatoren, treibende Kraft und geduldiger Förderer in einer Person. Hinzu kommt, dass diese Anforderungen auf dem Finanzamt Krefeld aller Wahrscheinlichkeit nach anders gewichtet und anders mit Leben gefüllt werden als in der Berliner Kreativagentur oder beim Stuttgarter Maschinenbauer.

Einfache Rezepte müssen daher notwendigerweise versagen. Statt von »der« Führungsrolle zu sprechen, empfiehlt es sich, von einer Vielzahl situativ determinierter Führungsrollen auszugehen, deren besonderen Herausforderungen sich der Einzelne zu stellen hat, wenn er Erfolg haben will. Was im einen Kontext von Erfolg gekrönt ist, kann sich im nächsten als Stolperstein erweisen. Wendelin Wiedeking machte es im positiven Sinne vor. Doch Porsche ist nicht überall. Das Personalkarussell der letzten Jahre an der Spitze größerer Unternehmen wie etwa Siemens, EnBW, Boss oder Leica zeugt davon, dass selbst erfahrene Manager nicht in jedem Umfeld »funktionieren« und die Wirklichkeit Rollenflexibilität erfordert. Dazu mag durchaus auch die Einsicht gehören, dass man eine Rolle in einem bestimmten Umfeld nicht spielen kann oder mag. Das folgende Kapitel soll daher sensibilisieren für die besonderen Herausforderungen der Führungsrolle(n). Es mündet in eine kurze Übersicht dessen, was als »Rollenkompetenz« den Führungserfolg wesentlich begründet.

»Führen« als Königsdisziplin des Rollenspiels

Im Alltag geht uns der Rollenbegriff leicht über die Lippen – wir sprechen gleichermaßen von der Vater- oder Mutterrolle, von der Führungsrolle oder auch davon, dass ein Gastgeber, ein Sitzungsleiter oder ein Auktionator »seine Rolle gut spielt«. Die Beispiele sind willkürlich gewählt und bewusst heterogen: Rollen unterscheiden sich augenscheinlich erheblich darin, wie umfassend sie die Person beanspruchen und wie viel Gestaltungsspielraum sie dem Einzelnen lassen. Die Vater- oder Mutterrolle beispielsweise sind »Lebensrollen«, die den ganzen Menschen fordern, stark von persönlichen Wertvorstellungen geprägt werden und ohne ein gewisses Maß der Rollenidentifikation kaum erfolgreich wahrgenommen werden können. Die Gesellschaft steckt hier zwar einen groben (gesetzlich verankerten) Rahmen akzeptablen Verhaltens ab, lässt dem Einzelnen aber notwendigerweise einen breiten Spielraum beim Ausfüllen seiner Rolle. Mit der Beziehung von Eltern und Kindern beschäftigen sich ganze Bibliotheken fiktionaler wie nichtfiktionaler Literatur, ohne dass es je gelungen wäre, einheitliche Verhaltensrezepte zu destillieren. Anders dagegen stärker reglementierte berufliche Rollen, wie etwa die des Buchhalters oder des Finanzbeamten. Über »angemessenes« Verhalten lässt sich in beiden Fällen verhältnismäßig einfach ein gesellschaftlicher Konsens erzielen.

Rollenspiel und aktive Rollengestaltung

Je komplexer eine Rolle ist, desto unmöglicher werden also allgemeinverbindliche Rollenskripte. Denken Sie zurück an die prominenten Erfolgsdarsteller im zweiten Kapitel von Wiedeking über Merkel bis Harald Schmidt: Jeder von ihnen füllt die ihm zugedachten Rollen auf eine ganz eigene Weise mit Leben, bedient durch Verhalten, Auftreten und öffentliche Äußerungen gezielt und wohl kalkuliert selbst gewählte Subrollen. Wiedeking gibt den Wirtschaftslenker als Querdenker, als bodenständigen Gewinnertypen, Merkel die Kanzlerin als Weltpolitikerin und innenpolitische Taktiererin, Schmidt den Entertainer als unberechenbares Multitalent und provokanten Zyniker. Vergleichen Sie Wiedeking mit Dieter Zetsche, der sich früher gerne öffentlich als Musiker inszenierte, heute dagegen vor allem bemüht ist, im Habitus des Wirtschaftslenkers das Vertrauen in die Weltmarke Daimler wiederherzustellen. Oder vergleichen Sie Merkel mit Margaret Thatcher, die ihr Image als »eiserne Lady« sorgfältig pflegte: Es ist offensichtlich, wie unterschiedlich die Zugänge zu ähnlichen funktionalen Rollen sein können.

Das bedeutet: Je komplexer eine Rolle ist, desto höher sind die Anforderungen an eine aktive Rollengestaltung durch den Einzelnen. Wir spielen im Leben sowohl stark reglementierte Rollen, die uns wenig individuellen Spielraum lassen und die wir ohne größere innere Beteiligung absolvieren (können) (etwa als Autofahrer, als Fluggast oder als Kunde in der Supermarkt-Kassenschlange), und solche, die wir uns aktiv zu eigen machen müssen und für die es allenfalls grobe gesellschaftliche Vorgaben gibt. Die Führungsrolle fällt zweifellos in die zweite Kategorie. Wie hoch das Maß der Identifikation, des inneren Engagements sein muss, um eine Rolle erfolgreich auszufüllen, mag auch mit der Dauer der Rollenwahrnehmung zusammenhängen: Wer ungern Auto fährt, wird die nötigen Fahrten in der Regel trotzdem bewältigen, wäre als Berufskraftfahrer jedoch eine Fehlbesetzung. Auch unter diesem profanen zeitlichen Gesichtspunkt ist die Führungsrolle eine Königsdisziplin: Der Rollenträger ist einen Großteil seiner »Wachzeit« im Einsatz.

Unterschiedliche »Typen« von Rollen

Der Soziologe und Gestalttherapeut Hans Peter Dreitzel trägt der Unterschiedlichkeit sozialer Rollen durch eine umfassende Typologie Rechnung, die nachfolgend vereinfacht wiedergegeben wird. Kulturelle

Normen erwachsen aus gesellschaftlichen Werten beziehungsweise deren Verinnerlichung durch den Einzelnen. Herrschaftsnormen ergeben sich im Kontext von Organisationen, und Interaktionsnormen beziehen sich auf klar begrenzte Lebenssituationen. Mit Verbindlichkeit der Normen in Form von Vollzugs-, Qualitäts- und Gestaltungsnormen variiert Dreitzel Dahrendorfs Unterscheidung von Muss-, Soll- und Kann-Erwartungen (Vergleichen Sie dazu Kapitel 3).

Übersicht 6: Rollentypologie

		← Grad der notwendigen Identifikation –		
		Kulturelle Normen	Herrschafts-normen	Interaktions-normen
↑ Zwangscharakter/Reglementierung –	Vollzugs-normen (Regeln befolgen)	Sozialisie-rungsrollen z. B. Patient	Ausführungs-rollen z. B. Soldat	Spielrollen z. B. Verkehrs-teilnehmer	– Ich-Leistung/eigener Spielraum ↑
	Qualitäts-normen (Aufgaben bewältigen)	Helferrollen z. B. Seelsorger	Arbeitsrollen z. B. Arbeiter, Postbeamter	Bewältigungs-rollen z. B. Prüfling
	Gestaltungs-normen (Rolle indivi-duell um-setzen)	Beziehungs-rollen z. B. Ehemann, Führungskraft	Leistungs-rollen z. B. Wissen-schaftler	Kontaktrollen z. B. Gastgeber

In Anlehnung an Hans Peter Dreitzel: *Die gesellschaftlichen Leiden und das Leiden an der Gesellschaft*. 3. Aufl. Stuttgart 1980.

Nimmt man den Einfluss eigener Wertesysteme und die Ansprüche an eine individuelle Gestaltung zum Ausgangspunkt, ist die Führungsrolle als anspruchsvolle »Beziehungsrolle« im Schema links unten zu verorten. Beim Führen scheint die eigene Persönlichkeit mit hoher Wahrscheinlichkeit durch, während sich der halbwegs kompetente und gesetzestreue Verkehrsteilnehmer nur graduell vom Autofahrer oder Fußgänger vor oder hinter ihm unterscheidet. Dagegen wird man nur selten im Laufe seines Lebens zwei Führungskräften begegnen, die man für austauschbar, weil in ihrer Umsetzung von Führung für weitgehend identisch hält?[19] Das eigene Menschenbild prägt die eigene Ausgestaltung der Führungsrolle ebenso wie individuelle Stärken und Schwächen oder die persönliche Wertehierarchie. Wer durch das Bedürfnis nach Unabhängigkeit und Macht angetrieben wird, verhält sich anders als jemand, dessen Werteskala durch harmonische Beziehungen und Sicherheit angeführt wird. Erfolgreich zu führen bedeutet daher auch, eigene Voraussetzungen und Neigungen mit Rollenerwartungen des Umfelds in eine Balance zu bringen.

Fazit: Die Führungsrolle als »Beziehungsrolle« ist zu anspruchsvoll, um sie wie einen Handschuh einfach überzustreifen und rein technokratisch umzusetzen. »Führen« gehört zu den komplexen Rollen, die ohne persönlichen Gestaltungswillen und ernsthaftes Engagement (Rollenidentifikation) kaum dauerhaft erfolgreich auszufüllen sind. Wer erfolgreich führen will, sollte daher seine persönlichen Werteorientierungen und äußere Rollenerwartungen vereinbaren können. Als bloße »Maske« ist Führung auf die Dauer schwer durchzuhalten.

»Führen« im Schnittpunkt vielfältiger Rollenerwartungen

Rollen konstituieren sich über die Erwartungen unterschiedlicher Bezugsgruppen, wie im dritten Kapitel ausgeführt. Widersprüchliche oder nicht zu vereinbarende Anforderungen unterschiedlicher Instanzen können dabei für Konfliktstoff sorgen – »Intra-Rollenkonflikte« provozieren. Das gilt prinzipiell für alle Rollen: Eine Verkäuferin muss die Ansprüche ihrer Kunden und die wirtschaftlichen Interessen ihres Arbeitgebers miteinander versöhnen, ein Arzt die Erwartungen von Patienten, Krankenkassen und Standesorganisationen erfolgreich zur Deckung bringen. Eine Besonderheit der Führungsrolle besteht in der Vielzahl der Instanzen, mit deren Rollenerwartungen heute jede Führungskraft konfrontiert ist. Abbildung 4 zeigt die wichtigsten unternehmensinternen wie -externen Gruppen, die Erwartungen an Führende stellen.

Abbildung 4: Rollenerwartungen an die Führungskraft (relevante Bezugsgruppen)

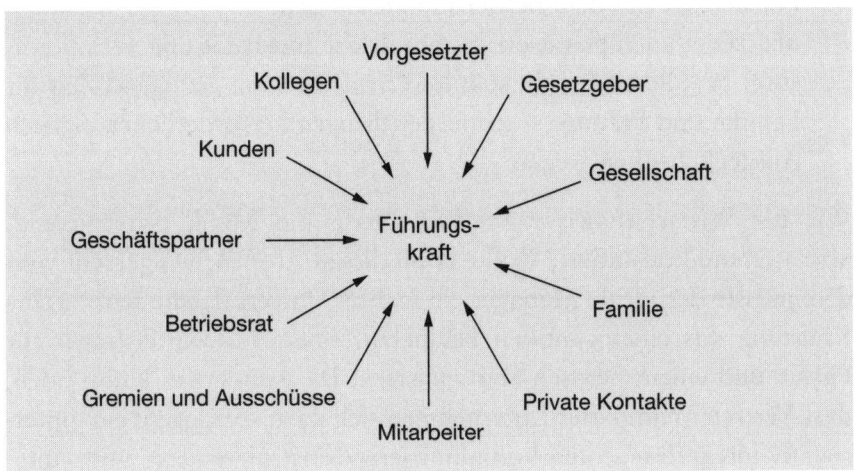

Die »ideale« Führungskraft ...

... hat danach jederzeit ein offenes Ohr für die Sorgen der Mitarbeiter, die sie fördert und unterstützt, ergreift bei Bedarf aber auch konsequent disziplinarische Maßnahmen;

... steigert parallel die Produktivität in ihrem Verantwortungsbereich und erzielt überdurchschnittliche Ergebnisse;

... sorgt für die optimale Befriedigung von Kundenbedürfnissen, gleichzeitig aber auch für Kostenoptimierung;

... kooperiert offen und fair mit Führungskollegen, verliert dabei aber die eigenen Zielvorgaben und Abteilungsinteressen nicht aus den Augen;

... sorgt für internationale Wettbewerbsfähigkeit und nimmt gleichzeitig ihre gesellschaftliche Verantwortung wahr (etwa bei der Erhaltung von Arbeitsplätzen);

... respektiert nationale gesetzliche Vorgaben (zum Beispiel zur Vermeidung von Korruption) und behauptet sich gleichzeitig gegen globale Mitbewerber;

... versöhnt gesellschaftliche Ansprüche wie Umweltverträglichkeit und Nachhaltigkeit mit Wettbewerbsüberlegungen;

... beachtet das Prinzip der Gewinnmaximierung, arbeitet aber auch konstruktiv mit dem Betriebsrat zusammen;

... überzeugt auch privat durch moralische Integrität und

... sorgt bei alldem für ein stabiles Privatleben mit genügend Zeit für Familie und Freunde – schon der dringend erforderlichen eigenen Ausgeglichenheit wegen.

Wie der Wirtschaftswissenschaftler Fredmund Malik provozierend, aber treffend konstatiert: Wollte er all diesen Ansprüchen gerecht werden, müsste der ideale Manager ein wahres Universalgenie sein – »eine Kreuzung aus einem antiken Feldherrn, einem Nobelpreisträger für Physik und einem Fernseh-Showmaster«. Da wundert es kaum noch, dass Vertreter namhafter Unternehmen sich dazu versteigen, ein »interrogativ-integrales«, »interkommunizierend-instruierendes« und »integrierend-intermediäres« Wunschprofil des Managers von morgen zu entwerfen, wie auch Malik moniert.

Dilemma vorprogrammiert

Angesichts der Vielzahl konfliktträchtiger Erwartungen an das Führungspersonal resümierte die Zeitschrift *Capital* schon 2002 lapidar: »Führungskräfte im Dilemma«. Festzuhalten bleibt, dass die Führungsrolle in den letzten Jahrzehnten zunehmend überfrachtet worden ist mit Ansprüchen unterschiedlichster Natur, deren Erfüllung einer Quadratur des Kreises gleicht. Aus der Verabschiedung von tradiert-autoritären Führungsmodellen erwächst die Aufgabe der Entwicklung eines individuellen Führungsstils, der den gestiegenen Ansprüchen immer besser ausgebildeter Mitarbeiter, deren Selbstverwirklichungsambitionen und Unternehmenszielen gleichermaßen gerecht wird. Mit der Globalisierung verschärfen sich die Wettbewerbsbedingungen. Mit der Medienvielfalt einer demokratischen Öffentlichkeit nimmt die Anzahl der Kontrollinstanzen zu. Längst hat man zudem auch das Privatleben des Führungspersonals ins Visier genommen. Topmanager stehen im grellen Licht der Öffentlichkeit und müssen sich nicht nur Fragen nach der Höhe ihrer Bezüge gefallen lassen, sondern sollen auch einen untadeligen Lebenswandel vorweisen. Da genügt es schon, wenn der frühere DaimlerChrysler-Vorstand Jürgen Schrempp am Trevibrunnen in Rom mit einer Weinflasche in der Hand gesichtet wird, um Zweifel an seiner Eignung als Konzernchef zu schüren. Und wer wie Josef Ackermann auf der Aktionärsversammlung der Deutschen Bank Rekordgewinne und Personalabbau in einem Atemzug nennt, bedient zwar die Erwartungen seiner Shareholder, verstößt gleichzeitig jedoch gegen die gegenläufigen Erwartungen einer anderen Bezugsgruppe, der breiten Öffentlichkeit, die im Chor mit der Politik ein »werteorientiertes« und »verantwortungsvolles« Management einklagt.

Sind diese Ansprüche noch irgendwie vereinbar? Oder muss man, wie die Psychologin Christine Bauer-Jelinek argwöhnt, immer mehr zum skrupelarmen Machtmenschen, zum reinen »Geldmenschen« mutieren, je weiter man in der Unternehmenshierarchie aufsteigt? Bauer-Jelinek steht nicht allein da, der Kriminologe, Erziehungswissenschaftler und Aggressionsexperte Jens Weidner pflichtet ihr bei: »Führen in Reinheit und Schönheit geht nicht. Wer führt, macht sich die Hände schmutzig, muss Mitarbeiter entlassen, Konkurrenten ausbooten.« Doch wo ist da die Grenze? Verfolgt man diesen Gedanken weiter, haben Ex-Personalvorstand Peter Hartz und seine Helfer sich mit ihren Halbweltmethoden, den VW-Betriebsrat gewogen zu halten, eben auch nur die Hände »ein bisschen (mehr) schmutzig« gemacht. Gerne berufen sich die Beteiligten bei Volkswagen ja auf die Wahrung des Betriebsfriedens als höheres Unternehmensinteresse. Und die Verantwortlichen der Siemens-Schmiergeldaffäre haben möglicherweise sogar im guten Glauben gehandelt, wirtschaftliche Konzerninteressen im harten internationalen Wettbewerb auch da wahren zu müssen, wo ohne Bakschisch nichts mehr geht. Beim britischen Rüstungskonzern BAE intervenierte dem *Spiegel* zufolge 2006 sogar Premierminister Tony Blair, um gerichtliche Nachforschungen zu hohen Schmiergeldzahlungen an kaufkräftige saudische Kunden zu unterbinden. Auch die BAE-Manager hatten Milliardenumsätzen mehr Gewicht beigemessen als westlichen Vorstellungen von kaufmännischer Redlichkeit.

Extrembeispiele, sicherlich, doch in kaum auflösbare Dilemmata gerät auch der Abteilungsleiter, der sich einerseits seinem Team verpflichtet fühlt und dessen Vertrauen nicht enttäuschen will, und andererseits von der Geschäftsleitung zum strengen Stillschweigen über den bevorstehenden Personalabbau verpflichtet wird. Oder sein Kollege, der maßgeblich Kosten drücken und Prozesse energisch beschleunigen soll, gleichzeitig jedoch auf ein gutes Abteilungsklima und wertschätzenden Umgang miteinander verpflichtet wird. Unwillkürlich kommt einem da der Schriftsteller und Publizist Karl Kraus in den Sinn, der spöttisch empfahl: »In zweifelhaften Fällen entscheide man sich für das Richtige.« Als besonders heikel erweisen sich dabei naturgemäß jene Sandwichpositionen, die durch ein »permanentes Anspruchsmanagement zwischen Unternehmen und Mitarbeitern« gekennzeichnet sind.[20] Doch auch im Topmanagement ist man gegen vergleichbare Erwartungskonflikte nicht gefeit.

Beispiel: Eine junge, rasch wachsende IT-Beratung geriet nach Jahren ungebremsten Wachstums und erfolgreichem Börsengang ernsthaft in Schwierigkeiten: Interne Versäumnisse und die allgemeine Branchenkrise brachten das Unternehmen an den Rand der Insolvenz. In dieser Situation berief der Aufsichtsrat einen »harten Sanierer« an die Spitze des Unternehmens. Der bisherige Vorstand hatte ausgesprochen partizipativ geführt, sein Nachfolger dagegen trat extrem autoritär auf und griff vom ersten Tag an energisch durch. Binnen einer Woche hatte er die gesamte Führungsmannschaft so gegen sich aufgebracht, dass er als »nicht mehr vermittelbar« seinen Hut nehmen musste. Erst seinem Nachfolger gelang es, geplante Sanierungsmaßnahmen umzusetzen, indem er das Führungsteam hinter sich versammelte. Sein Erfolgsrezept: Statt kommentarlos Einschnitte anzuordnen, rief er die Führungskräfte nach einem ersten Überblick zu einem Krisen-Meeting zusammen. Tenor seiner Ansprache: »Wir stehen kurz vor der Insolvenz. Meine Aufgabe ist es, das abzuwenden. Dies ist mir in vergleichbaren Situationen bereits gelungen, bedeutet aber entschiedenes Handeln – sonst gibt es dieses Unternehmen kurzfristig nicht mehr. Ab sofort gilt daher ... Ich setze dabei auf Ihre Unterstützung. Wer das mittragen möchte, ist herzlich willkommen, wer nicht, wird das Unternehmen verlassen müssen.« Betroffene wurden also eingeweiht – die Rolle des Sanierers erfordert ein anderes Vorgehen als die des Start-up-Unternehmers, unabhängig von deren jeweiligen Vorlieben. Vor diesem Hintergrund gelang der Organisation der Turnaround.

Rollendistanz als Ausweg aus Erwartungskonflikten

Wer eine Führungsrolle erfolgreich wahrnehmen will, sollte sich daher die Rollenerwartungen der unterschiedlichen Bezugsgruppen bewusst machen und darüber hinaus auf mögliche Erwartungskonflikte und Dilemmata gefasst sein. Rollenerwartungen adäquat einzuschätzen ist eine wesentliche Voraussetzung professioneller Rollenkompetenz. Offizielle Rollenskripte und die Sensibilität für ungeschriebene Regeln helfen dabei, eine Antwort auf zwei zentrale Fragen zu finden: »Was charakterisiert mein Umfeld?« und »Was fordert das Umfeld von mir?«. Unversöhnliche Rollenerwartungen verschiedener Bezugsgruppen erfordern Entscheidungsprioritäten – nicht alle Konflikte lassen sich »lösen« oder »versöhnen«. Nicht selten wird dabei die Sanktionsmacht der jeweiligen Bezugsgruppe den Ausschlag geben. Wenn der Vorstand energische Kostensenkungen fordert, kann man schwerlich gleichzeitig Mitarbeiteransprüchen nachgeben, die die steigende zeitliche Belastung monieren. Und wenn strategische Grundsatzentscheidungen Downsizings diktieren, widerspricht dies möglicherweise dem Verständnis von Fürsorgepflicht des Vorgesetzten, die das eigene Team für jeden Einzelnen einklagen wird.

Um in derartigen komplexen Situationen handlungsfähig zu bleiben und solche Widersprüche auszuhalten ist ein hohes Maß an

Mehrdeutigkeitstoleranz erforderlich. Wer über diese Fähigkeit verfügt, auch mit unauflösbaren Widersprüchen zu leben, empfindet Unsicherheiten und konfliktträchtige Ansprüche an das eigene Handeln nicht als bedrohlich, sondern kann sie als Herausforderung an die eigene Rollengestaltung akzeptieren und reflektiert damit umgehen – wie etwa der erfolgreiche Sanierer im Beispiel oben. Ein Beispiel: Ein Unternehmen im Finanzdienstleistungsbereich deklariert offiziell zwar die Kundenorientierung zum Maßstab allen Handelns, intern herrscht jedoch die ausdrückliche Erwartung vor, den Umsatz mit hauseigenen Produkten zu steigern. Gerade junge Führungskräfte hadern erfahrungsgemäß häufig mit derartigen Gegensätzen. Will man sich zwischen unterschiedlichen Rollenerwartungen nicht zermahlen lassen, müssen Entscheidungen getroffen und suboptimale Situationen ertragen werden; etwa aus der nüchternen Erkenntnis heraus, dass am Ende des Jahres womöglich doch eher die Umsatzzahlen über den eigenen Erfolg oder Misserfolg entscheiden – und nicht ein paar Pluspunkte mehr oder weniger bei der Kundenbefragung. Einen Tod muss man sterben.

Nur ein reflektiertes Rollenverständnis ermöglicht es, Konflikte dieser Art auszuhalten, und erlaubt es, auch dann noch den Überblick zu bewahren, wenn man nicht allen Erwartungen gerecht werden kann. Mit spontaner »Authentizität« kommt man hier kaum weiter: Ein entlassener Mitarbeiter hat wenig davon, wenn sein Vorgesetzter seine eigene Befindlichkeit in den Vordergrund rückt und ihm empathisch bekennt, wie »schwierig« diese Kündigungsentscheidung auch für ihn »ganz persönlich« war. Eine reflektierte Rollengestaltung schützt davor, wie ein Blatt im Wind haltlos den Ansprüchen unterschiedlicher Bezugsgruppen ausgesetzt zu sein, und versetzt in die Lage, diese Erwartungen gezielt gegeneinander abzuwägen. Wer sich als Führungskraft primär als Rollenträger versteht, gewinnt also jene Distanz, die unerlässlich ist, um mit den »Zumutungen« seiner Rolle konstruktiv umzugehen – Konflikte auszuhalten, kontroverse Maßnahmen durchzusetzen, Widerstände zu ertragen und Entscheidungsprioritäten festzulegen. Der Deal ist recht einfach: Das Unternehmen bezahlt für das Rollenspiel, nicht für das Ausleben von Authentizität.

Erst der gelungene Auftritt schafft Mehrwert; Authentizität kann Werte vernichten.

Fazit: Wer sich seiner Rolle bewusst ist und sie gezielt gestaltet, ist in der Lage, die Vogelperspektive einzunehmen. Er verfügt über die nötige Mehrdeutigkeitstoleranz und kann konfliktträchtige Rollenerwartungen sowie seine persönliche Antwort darauf immer wieder hinterfragen und aktualisieren. Bewusste Rollengestaltung erlaubt Rollendistanz – und umgekehrt. Probleme und Widerstände sind nicht zwangsläufig Indizien persönlichen Versagens, sondern werden in ihrer strukturellen Bedingtheit erkannt.

»Führen« in unterschiedlichen Unternehmenskontexten

Kennen Sie den »König von Burladingen«? Vermutlich schon, denn seit einigen Jahren macht der Textilunternehmer Wolfgang Grupp mit einem ungewöhnlichen Fernsehspot auf sich aufmerksam. In der Rolle eines Nachrichtensprechers verkündet dort ein bebrillter Schimpanse die Vorzüge des T-Shirt- und Tennis-Bekleidungsherstellers Trigema, der »mit über 1 200 Mitarbeitern nur in Deutschland« produziere. Mit einem routinierten »Was sagt der Inhaber, Herr Grupp, dazu?« schaltet der »Moderator« anschließend ins Unternehmen selbst. Dort sieht man Wolfgang Grupp im Maßanzug mit ausladender Geste durch seine Produktionshallen schreiten und über die Köpfe der Arbeiter hinweg sein unternehmerisches Credo verkünden: auch weiterhin am Standort Deutschland Arbeitsplätze zu sichern.

Grupp wirkt wie aus der Zeit gefallen – ein fürsorglicher Patriarch, der sein Unternehmen mit straffer Hand seit 1969 führt, noch nie jemanden betriebsbedingt entlassen hat und jedem Kind seiner Mitarbeiter einen Arbeits- oder Ausbildungsplatz im Unternehmen garantiert. Der Firmeninhaber residiert in einer herrschaftlichen Villa gleich neben dem Werksgelände in Burladingen, mit adeliger Ehefrau, Hubschrauber mit Firmenemblem, englischem Butler und drei Hausdamen. Kein

Wunder, dass die Presse ihn zum König des schwäbischen Kleinstädtchens gekrönt hat. Im Zeitalter der Globalisierung ist Grupp ein Anachronismus, doch der Erfolg gibt ihm Recht: In den Siebzigerjahren gab es noch 26 Textilunternehmen in Burladingen, geblieben ist nur Trigema. Das Unternehmen ist schuldenfrei und macht Jahr für Jahr Gewinne, nicht zuletzt, weil es sich von den großen Handelsketten unabhängig gemacht hat und seine Produkte direkt und in eigenen Läden vertreibt.

Eine verblüffende Erfolgsstory. Doch stellen Sie sich bitte für einen Moment vor, Herr Grupp würde nicht Trikotagen weben und T-Shirts schneidern lassen, sondern innovative Unternehmenssoftware entwickeln. Seine Produktionshallen stünden nicht auf der Schwäbischen Alb mit ihrer ländlichen Bevölkerung und dem pietistisch geprägten Arbeitsethos, sondern in einem Ballungsraum, in Nachbarschaft zu zahlreichen Konkurrenzunternehmen. Er wäre nicht auf fleißige Näherinnen angewiesen, sondern auf findige IT-Fachleute mit akademischem Hintergrund. Schwer vorstellbar, dass man ihn auch unter diesen Umständen zum König gekrönt hätte und seinen patriarchalischen Stil klaglos akzeptieren würde.

Die Regel lautet, dass es keine absoluten Regeln gibt

Dass es »den« Führungsstil nicht gibt, hat sich herumgesprochen. Nicht ohne Grund erfreut sich das Modell »situativen Führens« von Hersey und Blanchard, das wirksames Führen auf den »Reifegrad« der Mitarbeiter abstimmt, seit Jahrzehnten ungebrochener Popularität. Die »Reife« eines Mitarbeiters bemessen die Autoren bekanntermaßen an dessen Fachkompetenz einerseits und Motivation andererseits. Je geringer beides, desto mehr Anleitung und Anweisung sei gefragt. Bei hoch motivierten und sehr kompetenten Mitarbeitern sei dagegen die weitgehende Delegation von Aufgaben und Verantwortung die geeignete Führungsmethode. Auf diese Weise verhindere man, Leistungsträger durch unnötige Gängelei zu demotivieren und neue, unsichere oder wenig engagierte Mitarbeiter fahrlässig sich selbst zu überlassen.

Abbildung 5: **Führungstheorie**

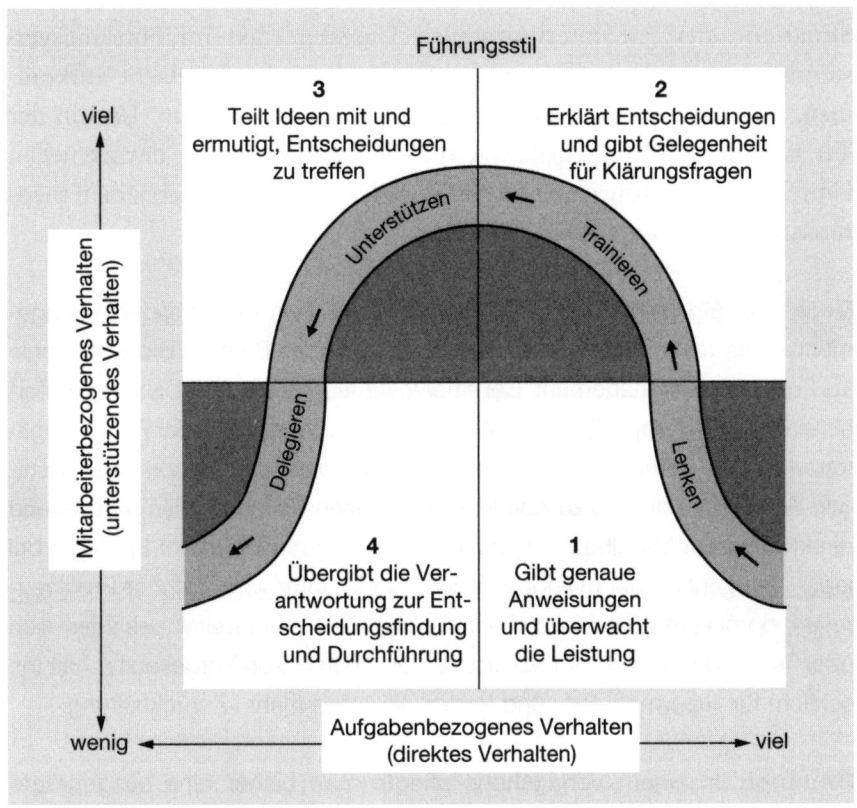

Nach Kenneth Blanchard et al.: *Der Minuten-Manager. Führungsstile*, 3. Aufl. Reinbek 2005.

Das Modell ist vermutlich auch deswegen so beliebt, weil es die bunte Alltagsvielfalt auf vier griffige Fälle reduziert und damit scheinbar für jede denkbare Situation eine sofort umsetzbare Lösung bereithält. Dabei gerät bisweilen aus dem Blick, dass der situative Ansatz sich ausschließlich auf eine – zweifellos wichtige – Komponente der Führungssituation konzentriert: die Individualität des einzelnen Mitarbeiters. Schon der Blick zurück auf die für eine Führungskraft relevanten Bezugsgruppen (Abbildung 4 auf Seite 157) verdeutlicht, dass dies nur ein Teil der Wahrheit sein kann. Für den Führungserfolg ebenso wichtig sind die übrigen Instanzen wie Kollegen (potenzielle Karrierekonkurrenten) oder Vorgesetzte – von Business-Unit, Branche, wirtschaftlicher Situation oder gar interkulturellen Unterschieden im Führungsverständnis gar nicht erst zu reden. All das lässt den Verdacht aufkommen, dass es keine simplifizierenden Rezepte geben kann. Und in der Tat ist eine erhöhte Sensibilität für die Besonderheiten des aktuellen Umfelds weit zielführender als der unreflektierte Griff nach jedem theoretischen Strohhalm. Zwei Beispiele:

Beispiel: Ein promovierter Biologe wechselt aus dem Produktmanagement eines rasch wachsenden Unternehmens im Bereich Biotechnologie ins Forschungsmanagement: Bei einer Institution des Bundes ist er ab sofort als einer der Referatsleiter für einen spezifischen Ausschnitt der Forschungsförderung im Bereich Grundlagenforschung zuständig. Schon nach wenigen Wochen kommt es zu Konflikten mit seinen Kollegen, die überwiegend direkt aus dem Mittelbau der Universitäten rekrutiert wurden: Er »fahre bei jeder Gelegenheit die Ellenbogen aus«, leide unter »chronischer Profilneurose«, dominiere jede Sitzung, so die Vorwürfe. Mitarbeiter beklagen sich über Termindruck und »unrealistische Vorgaben«. Sein Vorgesetzter hält ihn schlicht für »übermotiviert« und fordert ab sofort mehr »Zurückhaltung«.

Beispiel: In einem Verlagshaus pflegte man bisher eine ausgeprägte Diskussionskultur und war stolz darauf, den »Achtundsechziger-Geist« der Verlagsgründer trotz aller Zugeständnisse an den Buchmarkt sorgfältig zu pflegen. Das ändert sich, als man das dritte Jahr in Folge Verluste einfährt. Die Geschäftsleitung drängt auf besser verkäufliche Buchtitel, auf eine Erhöhung des Titelausstoßes bei gleicher Mitarbeiterzahl und auf eine Beschleunigung interner Prozesse. Es reiche nicht, Trends hinterherzulaufen, man müsse wendiger und zeitnäher reagieren. Kurze Zeit später trennt man sich vom langjährigen Programmleiter und besetzt die Position mit jemandem aus der Marketingabteilung eines kommerziell erfolgreichen Mitbewerbers. Die Kritik an der bisherigen Führungskraft lautet: nicht in der Lage, das Tempo zu beschleunigen und gegenüber Mitarbeitern vor dem Hintergrund geänderter Rahmenbedingungen auch einen schärferen Ton anzuschlagen.

Was im einen Umfeld gut funktioniert, kann sich im nächsten als sicherer Karrierekiller erweisen. Es gibt interkulturelle Unterschiede im Führungsverhalten (und entsprechende Rollenerwartungen); es existieren unterschiedliche Branchengepflogenheiten und Unternehmenstraditionen; unter dem Druck einer wirtschaftlichen Krise wird anders agiert als in Schönwetterperioden. Wer seine Führungsrolle erfolgreich spielen will, sollte sich daher fragen: In welchem Umfeld bewege ich mich hier eigentlich?

Umfeldkompetenz als erste Erfolgsvoraussetzung

Erfahrene Führungskräfte verbringen die ersten Wochen in einer neuen Position vor allem mit Beobachten und Zuhören, während unerfahrene Kandidaten bisweilen in Aktionismus verfallen, im Glauben, man müsse sich »möglichst schnell beweisen«. Natürlich erwartet man konkrete Ergebnisse von ihnen, aber nicht schon übermorgen – außer, der Neueinsteiger hat eine Sanierung vor sich. Bevor sie den Kontext, in dem sie führen, nicht sicher einschätzen können, agieren gerade versierte Führungskräfte daher vorsichtig. Sie berücksichtigen beispielsweise ...

... den Ausbildungshintergrund und »Reifegrad« der Mitarbeiter;

... die Branchengepflogenheiten, die den Umgang miteinander unweigerlich prägen (Wenn sie die Branche gewechselt haben, sondieren sie das Terrain besonders sorgfältig.);

... die wirtschaftliche Situation des Unternehmens als Anhaltspunkt dafür, wie schnell man von ihnen Erfolge erwartet;

... die Business-Unit und ihre spezifischen Anforderungen;

... das regionale Umfeld (Großstadt oder ländliche Region, mit entsprechender Mentalität);

... den Führungsstil ihrer Kollegen und Vorgesetzten als Indiz für die Erwartungen an ihr eigenes Führungsverhalten;

... die Absichtserklärungen und expliziten Erwartungen ihres Vorgesetzten (die sich im Einzelfall durchaus auch als Lippenbekenntnisse entpuppen können);

... offizielle »Drehbücher« von der Stellenbeschreibung bis zum Kompetenzmodell, von der Selbstpräsentation des Unternehmens in Stelleninseraten bis zum Leitbild.

Branchen, in denen ein eher autoritäres Führungsverständnis gepflegt wird (wie der Baubranche oder im Einzelhandel), stehen andere gegenüber, deren Mitarbeiter von demokratischen Führungsprinzipien ausgehen (zum Beispiel Medien und Agenturen). Auch Unternehmensbereiche unterscheiden sich in dieser Hinsicht – in der Forschung und Entwicklung oder im Marketing geht es im Allgemeinen kooperativer zu als in der Produktion. Weiterer Faktor ist die Unternehmenssituation: In Krisenzeiten, die rasches Handeln erfordern, werden von der Führungskraft klare Direktiven und Vorgaben erwartet – wenn das Schiff sinkt, diskutiert man nicht erst noch über die Farbe der Rettungsboote. Das gilt auch für Unternehmen, die in guten Zeiten auf Mitarbeiterpartizipation setzen, wie verschiedene Beispiele in diesem Kapitel bereits illustrierten. Und Hersey und Blanchard folgend ist auch der Reifegrad des jeweiligen Mitarbeiters ein Indiz für den jeweils angemessenen Führungsstil: Je »unreifer« der Mitarbeiter, desto entschiedener sollte geführt werden.

Wie wichtig es ist, angemessen auf das jeweilige Umfeld zu reagieren, statt unreflektiert dem eigenen Führungsverständnis zu folgen, verdeutlichten auf einem Mittelstandskongress in der Frankfurter Jahrhunderthalle im Jahr 2006 zwei Vortragende, deren Führungsstile nicht unterschiedlicher hätten sein können. In einem ersten Plenarvortrag präsentierte ein Möbelfabrikant den mehr als tausend Teilnehmern sein autoritäres Führungsmodell, um anschließend mit glänzenden Geschäftszahlen aufzuwarten. Zustimmendes Gemurmel im Auditorium – und große Skepsis gegenüber dem nachfolgenden Redner, einem jüngeren Manager aus der gleichen Region, der die Belegschaft seines Pharma-Unternehmens nach modernsten Grundsätzen partizipativ führte. Die Stimmung schlug erneut um, als der Pharma-Manager seine Zahlen präsentierte, dieses Mal in Erstaunen: Seine Ergebnisse standen denen des Traditionsunternehmers in nichts nach. Wer führt nun »richtig«? Beide, jeder in seinem Umfeld.

Fazit: Die Führungspraxis ist so komplex, dass jedes Modell nur einen Teil der Wahrheit verrät. Theorien sind hilfreiche Stützen, nicht mehr. Sie nützen Ihnen wenig, wenn Sie es versäumen, sich zwei ebenso einfache wie präzise Fragen zu stellen: Was charakterisiert mein Umfeld? Was fordert das Umfeld von mir? Diese Umfeldkompetenz entspricht dem Rollenstudium des routinierten Schauspielers, der nicht nur den eigenen Text beherrscht, sondern prüft, wie sein Part sich in die Ensembleleistung einfügt und was das Publikum erwartet.

»Führen« als Bündel zahlreicher Subrollen

»Die ideale Führungspersönlichkeit braucht: die Würde eines Erzbischofs, die Selbstlosigkeit eines Missionars, die Beharrlichkeit eines Steuerbeamten, die Erfahrung eines Wirtschaftsprüfers, die Arbeitskraft eines Kulis, den Takt eines Botschafters, die Genialität eines Nobelpreisträgers, den Optimismus eines Schiffbrüchigen, die Findigkeit eines Rechtsanwalts, die Gesundheit eines Olympiakämpfers, die Geduld eines Kindermädchens, das Lächeln eines Filmstars und das dicke Fell eines Nilpferdes.« So beschrieb einst der innenpolitische Sprecher der SPD-Bürgerschaftsfraktion Ingo von Kleist in Hamburg den personifizierten Wunschtraum manchen Personalentscheiders. Er spielte damit auf die Vielzahl der Subrollen an, die eine Führungskraft im Alltag wahrzunehmen hat und in denen jeweils unterschiedliche persönliche Fähigkeiten vonnöten sind. Im Mitarbeitergespräch ist der verständnisvolle Zuhörer und Coach gefragt, in der Vorstandssitzung der kühle Stratege, in der Kundenpräsentation der mitreißende Redner und dergleichen mehr.

Niemand bedient die ganze Klaviatur gleich gut

Dieser Gedanke ist alles andere als neu: Schon in den Siebzigerjahren des letzten Jahrhunderts unterschied Henry Mintzberg, Nestor der modernen Managementtheorie, insgesamt zehn funktionale Management-rollen:

- **Repräsentator (»Figurhead«)**: Erfüllung repräsentativer Aufgaben
- **Führer (»Leader«)**: Mitarbeiterführung (Auswahl, Förderung, Motivation ...)
- **Vernetzer (»Liaison«)**: Aufbau und Pflege relevanter Kontakte innerhalb und außerhalb der Organisation
- **Beobachter (»Monitor«)**: Aufnahme relevanter Informationen (über Kontaktnetz und Umwelt allgemein)
- **Verteiler (»Disseminator«)**: Gezielte Weitergabe von Informationen an Personen, die diese benötigen (innerhalb der eigenen Organisation)
- **Sprecher (»Spokesperson«)**: Weitergabe von Informationen an Personen außerhalb der eigenen Organisationseinheit (Kommunizierung der Ziele, Pläne, Werte und so weiter)
- **Unternehmer (»Entrepreneur«)**: Initiierung von Innovation und Wandel zur Sicherung des Bestandes der Organisation und zu ihrer Weiterentwicklung
- **Problemlöser (»Disturbance Handler«)**: Lösung von Konflikten zwischen Mitarbeitern und von Problemen zwischen Organisation und Umwelt
- **Ressourcen-Zuordner (»Resource Allocator«)**: Entscheidung über die Verteilung von Ressourcen an Personen und Gruppen
- **Verhandlungsführer (»Negotiator«)**: Vertreten der Abteilung (der Organisation) nach außen und Aushandeln von Entscheidungen mit anderen Verhandlern

Wie das Führungsverständnis unterliegen auch solche Rollenauffächerungen historischem Wandel: Anders als vor 40 Jahren fehlt heute in kaum einer Aufzählung der Hinweis auf die Führungskraft als »Coach« ihrer Mitarbeiter, gerne (insbesondere in schwierigen Zeiten) wird auch der »Visionär« gefordert, der charismatisch und mitreißend den Weg in die Zukunft weist. In der aktuellen Diskussion um Managergehälter, Werte und persönliche Integrität klagt man außerdem immer wieder die Rolle des gesellschaftlichen »Vorbildes« ein. Offenkundig ist, dass mit

Ausnahme weniger Universalgenies niemand diese ganze Rollenklaviatur gleichermaßen gut beherrschen wird. Eine Reihe von Führungstheoretikern hat daher empfohlen, Führungsfunktionen auf mehrere Rolleninhaber zu verteilen. »Es zeigte sich, dass Aufgabenspezialisten selten zugleich sozio-emotionale Spezialisten sind«, schreibt etwa Rolf Wunderer und zitiert Überlegungen zu einer »personalen Rollendifferenzierung« beispielsweise in einem »Führungsdual« aus Tüchtigkeits- und Beliebtheitsspezialisten. Auch im Unternehmen stößt man durchaus auf diese Rollenverteilung, beispielsweise wenn der Vorstand kompromisslose Einschnitte fordert und das mittlere Management mit der nötigen »Nestwärme« dafür sorgen muss, dass die Identifikation der Mitarbeiter mit dem Unternehmen nicht völlig verloren geht. Auch in der Politik setzt Angela Merkel virtuos auf diese Taktik, wenn sie sich selbst als Moderatorin im Hintergrund hält und kontroverse Maßnahmen von ihren Fachministern in der Öffentlichkeit austragen lässt. So kann sie sich »staatsmännisch« wichtigeren Aufgaben jenseits des Alltagsgeschäfts widmen – und macht sich gleichzeitig unangreifbar. Je nachdem, wie die öffentliche Meinung sich entwickelt, versteht sie es dann, sich rechtzeitig zu positionieren.

Um ein Bündel divergierender Subrollen einigermaßen sicher zu beherrschen, muss man sich klar sein über die verschiedenen Einzelrollen, die im aktuellen Umfeld gefragt sind. Coaching-Qualitäten sind in einem autoritären Unternehmenskontext weniger gefordert als in einer sozial orientierten Organisation, unternehmerisch-innovative Anstöße in einem erfolgreichen Traditionsbetrieb weniger erwünscht als in einer risikoreichen Neugründung oder gar in einer Krisensituation, in der das Ruder möglichst rasch herumgerissen werden soll.

Beispiel: In einem Maschinenbau-Konzern ging ein langjähriger Spitzenmanager in den Ruhestand. Er hatte extrem autoritär geführt, herrisch bis zur Selbstherrlichkeit, sodass die ihm unterstellten Bereichsleiter zunächst aufatmeten und hofften, nun würden bessere Zeiten anbrechen. Die Nachfolge trat dann auch ein junger Manager an, der einen demokratischen Führungsstil pflegte und sich eher als Koordinator denn als Entscheider verstand. Anders als erwartet, reagierte das

Team darauf nicht etwa mit Beifall, sondern mit Befremden, schließlich mit Opposition: Da fliehe jemand vor Entscheidungen, ihn könne man an der Spitze keinesfalls akzeptieren. Die Situation eskalierte; der Nachfolger wechselte schließlich zu einem Mitbewerber mit progressiverem Führungsverständnis. Hinweise, stärker als »Führer« im klassischen Sinne zu agieren, mehr Struktur und Vorgaben zu liefern, wollte er nicht umsetzen.

Man sollte sich also bewusst sein, welche Subrollen man aufgrund seines persönlichen Stärken- und Schwächenprofils gut und welche man weniger gut beherrscht. Sonst besteht die Gefahr, sich unabhängig vom jeweiligen Kontext in die Rollen zu flüchten, die einem »eher liegen« und in anderen jämmerlich zu versagen. Aktuell erwartet man von Führungskräften soziale Kompetenzen wie Einfühlungsvermögen und Kooperationsbereitschaft, Kontaktstärke und Konfliktbereitschaft, aber auch eine hohe Führungsmotivation (»Machtinstinkt«), gepaart mit Handlungsorientierung (die Dinge anpacken) sowie personale Kompetenzen, etwa Gewissenhaftigkeit (Aufgaben zu Ende bringen), Flexibilität (die Fähigkeit, sich rasch auf neue Situationen einzustellen) und Offenheit (eine transparente Informationspolitik). Eher hinderlich für Führungsaufgaben ist ein hohes Maß an Empfindsamkeit, das Schwierigkeiten und Konflikte rasch persönlich nehmen lässt. Gefragt ist also ein »stabiles Nervenkostüm«, das gern auch mit Stressresistenz und Belastbarkeit assoziiert wird.

Wer einigermaßen sicher einschätzen kann, in welchem Maße er über diese Soft Skills verfügt, ist eher in der Lage, persönlichen Entwicklungsbedarf auszuloten und Defiziten in der Rollenwahrnehmung vorzubeugen. Denn auch die kommunikativste und konfliktfähigste Führungskraft wird irgendwann Probleme bekommen, wenn sie über der Pflege des Teamgeistes Planungsaufgaben und Orientierungsfunktionen vergisst. Damit zeichnet sich immer deutlicher ab, dass die nötige Umfeldkompetenz (Was charakterisiert mein Umfeld? Was fordert das Umfeld von mir?) gepaart sein muss mit Selbstkompetenz (Wie bin ich? Was kann ich leisten?) und der Bereitschaft zur persönlichen Weiterentwicklung (Was sollte ich noch lernen?). Einsicht allein nützt wenig, wenn sie nicht mit dem Willen zur Veränderung, zur Optimierung der eigenen Rollenanpassung einhergeht. Realistischerweise werden dabei manche Subrollen dauerhaft »Maske« sein und bleiben, andere werden leicht fallen, während man in wieder andere mit der Zeit hineinwächst.

Was sich mit dem Aufstieg ändert

Übersicht 7: »Drei-Stufen-Konzept« der Führung

Topmanagement	Strategie → Unternehmerkompetenz Allgemeine Ausrichtung des Unternehmens (Marktsegmente, Innovationen und so weiter)
Mittleres Management	Vermittlung → Beziehungskompetenz Strategische Entscheidungen des Topmanagements »verkaufen«
Basismanagement	Umsetzung → Fachkompetenz Aus Worten Taten werden lassen, für Umsetzung getroffener Entscheidungen sorgen

Nach Michael Löhner: *Führung neu denken. Das Drei-Stufen-Konzept für erfolgreiche Manager und Unternehmen.* Frankfurt am Main 2005.

Dieses Moment der Austarierung von »Selbst« und Führungsrolle(n) bleibt eine dauerhafte Herausforderung, wenn die Führungsaufgabe sich verändert. Das gilt für ein neues Unternehmen, eine neue Aufgabe, es ergibt sich zwangsläufig aber auch mit dem Aufstieg in der Unternehmenshierarchie. Ein kurzer Blick zurück auf Mintzbergs Managerrollen illustriert dies: Als »Repräsentator« und »Sprecher« des Unternehmens ist ein Teamleiter kaum gefragt, ein Vorstand oder Topmanager dagegen sehr stark. Dieser vertikale Wandel von Rollenanforderungen – die Betonung unterschiedlicher Subrollen in Abhängigkeit vom Platz in der Hierarchie – ist erst in jüngster Zeit stärker ins Blickfeld gerückt. Der Unternehmensberater Michael Löhner beispielsweise propagiert unter der Überschrift *Führung neu denken* ein *Drei-Stufen-Konzept für erfolgreiche Manager und Unternehmen.* Löhner differenziert zwischen Topmanagement, Mittlerem Management und Basismanagement und lenkt die Aufmerksamkeit auf den jeweils unterschiedlichen Kern-Verantwortungsbereich und die daraus resultierenden Schlüsselkompetenzen dieser Ebenen:

Die aufgeführten Schlüsselkompetenzen will Löhner als Schwerpunktsetzungen verstanden wissen – natürlich sollte auch eine Führungskraft im Basismanagement über Beziehungskompetenz und unternehmerisches Denken verfügen, und es ist sicher von Vorteil, wenn auch ein Topmanager über einen passenden Branchenhintergrund und eine gewisse Produktaffinität verfügt. Löhner variiert damit einen Ansatz, den die US-Topmanager Ram Charan, Stephen Drotter und James Noel einige Jahre zuvor unter dem Stichwort der »Leadership Pipeline« propagiert haben. Charan und seine Mitautoren gehen von einem typischen internationalen Konzern aus und differenzieren insgesamt sieben Ebenen:

1. Managing Self (Mitarbeiter oder Experte)
2. Managing Others (Teamleiter)
3. Managing Managers (Abteilungsleiter)
4. Functional Manager (Bereichsleiter)
5. Business Manager (Geschäftsführer/Vorstandsmitglied)
6. Group Manager (Konzerngruppenchef)
7. Enterprise Manager (Vorstandsvorsitzender eines Weltkonzerns)

Mit jedem neuen Abschnitt der »Pipeline« verändert sich die Führungsrolle – je weiter es in der Hierarchie aufwärts geht, desto relevanter werden strategische Aufgaben, das Vertreten des Unternehmens nach außen und die glaubwürdige Verkörperung der Unternehmensstrategie nach innen, und desto größer wird der Abstand zu fachlichen Fragen oder gar zum Produkt selbst. Eine Führungskarriere ist also nicht (allein) eine Frage der geeigneten Führungspersönlichkeit, sondern mindestens ebenso sehr eine Frage der Bereitschaft zur fortlaufenden Rollenanpassung. Auch und gerade hier gilt das Modell »lebenslangen Lernens«. Ein Beispiel:

Beispiel: Der frisch berufene CEO eines amerikanischen Industriekonzerns tat sich schwer mit seinen neuen repräsentativen Pflichten. Als Ingenieur neigte er zu nüchterner Sachlichkeit und eher umständlich-präziser Zahlen- und Faktenhuberei. Die Folge: Er vermochte weder bei Auftritten in der konzerninternen Öffentlichkeit noch vor Aktionären oder gar im Presseinterview zu überzeugen. Ob er wollte oder nicht, die Öffentlichkeit erwartete von seiner Position ein publikumswirksames Rollenspiel. Das mag Überwindung kosten, wenn man nicht der Mensch ist, der gern mit plakativen Reden einfache PR-Effekte erzielt. Aber es war Teil seines neuen Aufgabenprofils. Der Topmanager verbrachte intensive Coaching-Sessions damit, sich auch diesen Teil der Rolle des CEOs eines Milliardenkonzerns anzueignen.

Nicht ohne Grund wachsen inzwischen Unternehmen, die sich auf »integrierte Auftrittsberatung« für das Spitzenmanagement spezialisiert haben – man könnte auch sagen: Schauspieltraining für Topmanager. Die Rollenanforderungen wandeln sich nicht nur mit dem Aufstieg in der Unternehmenshierarchie; das Publikum wird gleichzeitig größer und anspruchsvoller. Salopp gesagt: Je weniger Geld im Spiel ist, desto eher genügt ein halbwegs akzeptables Laienspiel. Ein Paketbote kann im Arbeitsalltag weitgehend »authentisch« sein, ein Konzernvorstand muss es verstehen, mit hoher Professionalität die Rollen zu verkörpern, die die Öffentlichkeit von ihren hoch bezahlten »Wirtschaftsstars« erwartet.

Was passiert, wenn die Rollenanpassung beim Aufstieg in der Hierarchie misslingt, kann man auch beim politischen Führungspersonal beobachten. So war Kurt Beck ein allseits beliebter und erfolgreicher »Landesvater«, geriet als SPD-Vorsitzender jedoch bald in die Schusslinie, weil er es wenig verstand, die verschiedenen Parteiflügel zu integrieren und sein »Unternehmen« in der Öffentlichkeit glaubwürdig zu repräsentieren. Man könnte auch sagen: Beck arbeitet noch am Schritt vom Group Manager zum Enterprise Manager. Damit bestätigt er das pessimistische Peter-Prinzip, dem zufolge jeder bis zur Stufe seiner eigenen Unfähigkeit befördert wird. Es basiert auf dem simplen Paradoxon, dass der Erfolg auf der einen Ebene den Aufstieg auf die nächste wahrscheinlich macht. Dort angekommen sind dann aber nicht mehr die eben noch bejubelten erfolgsentscheidenden Eigenschaften gefragt (im Falle Becks also joviale Volksnähe), sondern neue, ganz andere (etwa strategischer Weitblick und weltgewandtes Auftreten). Das Publikum misst plötzlich mit neuer Messlatte (Hier: Stellen wir uns so einen möglichen Kanzler vor?) und senkt ungnädig den Daumen, wenn es mit der Vorstellung nicht mehr zufrieden ist.

Naiv ist also, wer darauf hofft, dass die gern gepriesene Authentizität tatsächlich belohnt würde; im Gegenteil: Authentizität wird gnadenlos abgestraft, sobald sie die Erwartungen des Publikums enttäuscht. Naiv daher auch der Vorwurf gegenüber erfahrenen Business-Coaches: »Sie helfen den Leuten, so zu tun, als wären sie etwas, das sie nicht sind.« Im besten Sinne schärft Führungskräfte-Entwicklung den Blick des Kandidaten für die Rollenerwartungen in einer bestimmten Situation und unterstützt ihn bei der gezielten Aneignung des entsprechenden Verhaltensrepertoires. Ob der Kandidat sich dabei »verbiegen« muss oder mit der neuen Rolle bereits vorhandene Facetten seiner Persönlichkeit weiterentwickelt, die bisher wenig gefordert waren, ist eine ganz andere Frage. Zunächst einmal gilt der klare Grundsatz, dass wer A gesagt hat, am B nicht vorbeikommt: Wer eine neue Rolle akzeptiert, sollte sie auch spielen wollen.

Selbstkompetenz als zweite Erfolgsvoraussetzung

Und wo bleibt »man selbst« bei all dem? Das eigene Persönlichkeitsprofil bildet die Grundlage für jede aktive Rollengestaltung. Ich sollte wissen, was ich kann und was mir weniger gut liegt, um mein Rollenspiel fortlaufend zu optimieren, um auszuloten, wo Entwicklungsbedarf besteht, der durch informelle Gespräche, aber auch durch Personalentwicklungsmaßnahmen oder eine durchdachte Orientierung an entsprechenden Vorbildern befriedigt werden kann. Erfolgreiche Führungskräfte zeichnen sich durch ein hohes Maß an Selbstreflexion und durch die Bereitschaft aus, immer wieder dazuzulernen, in neue Rollen zu schlüpfen. Wer sich auf unterschiedlichen Bühnen behaupten will, bringt im besten Fall die Wandlungsfähigkeit eines Joschka Fischer mit, der beim

Einzug ins Außenministerium den grünen Gammellook gegen den noblen Dreiteiler und die Spontisprüche gegen eine schon fast würdevoll anmutende staatsmännische Pose tauschte. Er verfügt idealerweise über die Flexibilität eines Arnold Schwarzenegger, der als Bodybuilder, als Actiondarsteller und zuletzt als Gouverneur Kaliforniens die Erwartungen seines Publikums erfüllte und den nur das US-Wahlrecht daran hindert, demnächst in die Rolle des Präsidentschaftskandidaten zu schlüpfen. Politiker sind Kunstprodukte, die kreiert werden, um zu gefallen. Hierbei ist es unwichtig, wie eine prominente Person de facto ist, entscheidend ist vielmehr, wie sie zu sein scheint. Routinierte Darsteller achten daher auf die Übereinstimmung verbaler und nonverbaler Ausdrucksmittel und vermeiden alle Signale, die als Indizien für Unsicherheit interpretiert werden (etwa Vermeiden des Blickkontakts, »Kippen« der Stimme, Zögern). Eine wirklich gelungene Selbstinszenierung ist einerseits sorgfältig orchestriert und wirkt andererseits völlig spontan und natürlich.

Derart erfolgreich anpassen kann sich nur, wer ein sicheres Gespür dafür besitzt, wo Anpassungsbedarf besteht – und dazu muss er sich selbst gut kennen. Zu sich selbst auf Distanz gehen zu können, die eigene Performance vor dem Hintergrund der Rollenerwartungen kritisch zu prüfen, Feedback einzuholen (und annehmen zu können), all das macht neben dem Wissen um die aktuellen Stärken und Schwächen »Selbstkompetenz« aus. Die Grenzen dieser chamäleongleichen Anpassung kann nur das eigene Wertesystem ziehen. Zu dem »Wie bin ich?« muss also ein »Was ist mir wichtig?« treten, um die Vielfalt der Rollenanforderungen erfolgreich zu bündeln, ohne persönlich Schaden zu nehmen. Wenn »Erfolg« in der persönlichen Werteskala ganz oben rangiert, wird man in Anpassungsfragen naturgemäß anders entscheiden, als wenn dieser Spitzenplatz von »Unabhängigkeit« oder »Hilfsbereitschaft« besetzt ist. Um ein Klischee zu bemühen: Ein karrierehungriger Mittdreißiger wird womöglich zu anderen Ergebnissen kommen, wenn Umfeldansprüche und eigene Werte schwer vereinbar sind, als ein saturierter Mittfünfziger.

Fazit: Im besten Fall werden berufliche Ambitionen durch ein verlässliches und differenziertes Selbstbild gestützt, das das eigene Rollenspektrum und den nötigen Entwicklungsbedarf immer wieder kritisch prüfen lässt. Zur Einschätzung der Situation und der dort gefragten Verhaltensweisen (Umfeldkompetenz) muss also die Einschätzung der eigenen Person, der Stärken und Schwächen und persönlichen Werte (Selbstkompetenz) treten, um vor diesem Hintergrund das erforderliche Rollenverhalten zu reflektieren – sein persönliches Rollenskript zu entwickeln.

Das eigene Rollenskript entwickeln

Eine Anleitung zum gelungenen Rollenspiel im Führungsalltag könnte also wie folgt aussehen:

1. **Finden Sie heraus, was Ihr Umfeld von Ihnen erwartet.** Wägen Sie dabei die Rollenerwartungen verschiedener Instanzen gegeneinander ab, beziehen Sie die offiziellen Drehbücher mit ein, berücksichtigen Sie die ungeschriebenen Regeln und Erfolgsfaktoren.
2. **Loten Sie aus, welche dieser Erwartungen Sie problemlos erfüllen können und wo Sie Anpassungsbedarf haben.** Eignen Sie sich gezielt die Fertigkeiten an, die Sie für Ihre Rolle benötigen. Das beginnt beim Führen von Mitarbeitergesprächen und endet beim Medientraining für Fernsehauftritte.
3. **Werden Sie sich klar darüber, wie Sie die Rolle anlegen wollen – entwickeln Sie Ihr eigenes »Rollenskript«.** Ein solches Skript umfasst Äußerlichkeiten wie Kleidung und Umgang mit Statussymbolen ebenso wie das persönliche Auftreten auf dem Firmenparkett und die Ausschnitte der persönlichen Biografie, die man kontrolliert preisgibt.
4. **Holen Sie regelmäßig Feedback ein.** Beobachten Sie, wie Ihr Umfeld auf Ihr Auftreten reagiert: Hat Ihr Rollenspiel den gewünschten Effekt? Bleiben Sie sensibel für sich wandelnde Erwartungen und neue Situationen.

»Ein Status, eine Stellung, eine soziale Position ist nicht etwas Materielles, das in Besitz genommen und dann zur Schau gestellt werden kann; es ist ein Modell kohärenten, ausgeschmückten und klar artikulierten Verhaltens«, betont Erving Goffman in seiner bereits zitierten Studie zur »Selbstdarstellung im Alltag«. Formal mögen Sie ab morgen Teamleiter, Abteilungsleiter oder Vorstand sein; in Wirklichkeit sind Sie es erst, wenn Sie diese Rolle glaubhaft mit Leben füllen. Kein Schauspieler würde sich auf der Bühne auf sein Improvisationstalent verlassen. Überlegen Sie aber vorher, wie Sie Ihre Rolle anlegen wollen. Mögliche Gesichtspunkte:

- Gibt es einen Oberbegriff, mit dem Sie Ihre Aufgabe umreißen würden? Welches »Rollenfach« besetzen Sie? Sind Sie vorwiegend als mitreißender Visionär, als besonnener Steuermann in stürmischen Zeiten, als kooperativer Teamchef, als … gefragt?
- Welche der zahlreichen Subrollen sind besonders relevant in Ihrem Arbeitsalltag? Für ein Team hoch qualifizierter Spezialisten sind Sie möglicherweise primär derjenige, der die Fäden zusammenhält und das Team nach außen repräsentiert, während Mitarbeiter in der Produktion eindeutigere Vorgaben und präzise Detailplanung erwarten.
- Wie sollten Ihre Mitarbeiter Sie sehen? Wie Kollegen und Vorgesetzte? Und durch welche Handlungen können Sie den gewünschten Eindruck befördern?
- Welche Erwartungen hegen die verschiedenen Bezugsgruppen an Sie? Welche können Sie erfüllen, welche nicht? Welche Konflikte müssen ausgeräumt, welche ausgehalten werden?
- Wie verkörpern Sie Ihre Rolle? Wie tragen Sie Ihre Botschaft nach außen? Durch welche Handlungen und Maßnahmen machen Sie Ihr Führungsverständnis sichtbar?
- Wie bringen Sie Ihre Individualität ins Spiel? Was geben Sie von sich preis, was nicht? Welche Facetten Ihrer persönlichen Geschichte passen zur intendierten Rolle, welche nicht?

Sie sind umso glaubwürdiger, je klarer und eindeutiger Sie Ihre Rolle spielen. Überfordern Sie Ihr Publikum nicht mit widersprüchlichen Botschaften. Wenn Sie als dynamischer Erneuerer gefragt sind, sollten

Sie nicht bei jeder Gelegenheit mit Ihrer Liebe zur Orchideenzucht renommieren oder erzählen, dass Sie seit 15 Jahren im selben Allgäuer Dorf Urlaub machen. Offenbaren Sie lieber Ihre sportlichen Erfolge. Vertraut man Ihnen die Führung eines Traditionsunternehmens an, kann das Sammeln historischer Stadtansichten eine vertrauenerweckende Freizeitbeschäftigung sein, in einem Unternehmen, das sich als innovative Speerspitze versteht, runzelt man darüber womöglich die Stirn. Erfolgreiche Manager wachen ganz selbstverständlich über das Bild, das sie von sich erzeugen. Ex-BDI-Präsident Hans-Olaf Henkel etwa bekennt sich erst öffentlich zu seinem langjährigen Engagement bei Amnesty International, seit er nicht mehr an der Spitze des Industrieverbandes steht. Als Führungskraft sollten Sie als Person greifbar sein, wenn Sie Menschen dazu bewegen wollen, Ihnen zu folgen. Zumindest sollten Sie so erscheinen, als ob Sie es wären: Vertrauen durch professionell gespielte Authentizität. Blutleere Funktionsträger tun sich eher schwer. Das bedeutet jedoch nicht, dass Sie Ihr Innerstes in all seiner Widersprüchlichkeit nach außen kehren sollen. Das Echte ist nicht immer das Professionellste. Wer nur authentisch ist, fällt durch.

Achten Sie auch darauf, durch welche Handlungsweisen Sie Ihr Rollenverständnis nach außen dokumentieren. Sollen Sie einen wichtigen Geschäftsbereich sanieren, kann der Verzicht auf einen neuen Dienstwagen Ihre Glaubwürdigkeit nachhaltig stärken; rücken Sie ins Topmanagement eines deutschen Konzerns auf, ist die Ausstattung mit den typischen Insignien der Macht unverzichtbarer Bestandteil Ihrer Rolle. In einer zunehmend komplexeren Umwelt reagieren Menschen positiv auf unmissverständliche Interpretationsangebote eines klar konturierten Managers. Der neue Vertriebsvorstand eines Produktionsunternehmens, in dem es eher hemdsärmelig zuging, gewann seine Mannschaft nicht zuletzt dadurch für sich, dass er sich eines Abends für alle sichtbar ins typische Outfit eines Borussia-Fans warf, um schwarz-gelb gewandet direkt vom Büro ins Stadion zu fahren. Das alles erscheint Ihnen zu stark vereinfacht? Unterschätzen Sie die Wirksamkeit einfacher Interpretationsangebote nicht: In einer bei fortlaufender Komplexität zunehmend schwerer durchschaubaren Umwelt werden Fixpunkte gesucht, an denen man sich orientieren kann. Sie suggerieren Vorhersagbarkeit, vermitteln Sicherheit und wecken Vertrauen. Das funktioniert nicht ohne Simplifizierung. Auch jede Marke in der Konsumwirtschaft basiert auf diesen Prinzipien. Tiefgründige Botschaften stecken weder in »Vorsprung durch Technik« noch in »Aus Freude am Fahren«.

Jede Führungsrolle ist auch eine kreative Herausforderung – es gibt keine vorgefertigten, festen Rollenskripte. Das Umfeld liefert Ihnen Versatzstücke und grobe Anhaltspunkte, Sie können abschauen, kopieren, dazulernen – doch letztlich kommt es darauf an, mit den eigenen persönlichen und biografischen Voraussetzungen ein neues Ganzes zu kreieren. Damit Führung zu Ihnen und zu Ihrem Umfeld passt, brauchen Sie eine sowohl individuelle als auch situativ passende Lösung. Sie können eigene Werte in die Rolle einbringen, ihre Fähigkeiten entsprechend einsetzen und die Rolle mit persönlichen Verhaltensmustern aktiv gestalten. Wer diese Herausforderung professionell angehen will, bucht ein kompetenzfokussiertes und individuenzentriertes Coaching. Ein versierter Coach arbeitet exakt die Kompetenzen heraus, die in der jeweiligen Rolle gefragt sind, und lotet mit seinem Klienten gemeinsam aus, wie sich diese Anforderungen mit dessen individuellen Stärken und Werten zusammenbringen lässt. Das Ergebnis ist eine optimierte Rollenbesetzung – die bessere Performance.

Fazit: Anpassung an eine Rolle bedeutet also nicht, dass Sie Ihr Selbst, Ihre Individualität völlig zum Verschwinden bringen sollen. Es bedeutet vielmehr, dass Sie sorgfältig abwägen, welche Facetten Ihrer Persönlichkeit Sie wem offenbaren, welche persönlichen Stärken Sie gezielt im Beruf einbringen können – und welche Ihrer Seiten Sie besser außerhalb Ihrer beruflichen Aufgabe ausleben. Auf diese Weise vermeiden Sie es einerseits, zum blassen Technokraten zu verkümmern, und andererseits, Ihren Erfolg durch eine naive »Ich bin halt, wie ich bin«-Authentizität zu gefährden.

Nachhaltiger Führungserfolg = Kongruenz + Konsistenz

Gern wird der Erfolg in der Führung in bestimmten Persönlichkeitsmerkmalen verankert – große Männer lenken Unternehmen, ähnlich wie große Männer angeblich Geschichte schreiben. Manche dieser Heilsbringer stürzen allerdings jäh ab, sobald die Erfolge ausbleiben. Ex-Telekom-Chef Ron Sommer wirkt angesichts des Telekom-Aktiendebakels und Tausender prozessierender Kleinanleger gar nicht mehr so jungenhaft dynamisch wie zu Zeiten des Börsengangs, und Ex-DaimlerChrysler-Chef Jürgen Schrempp, der einst öffentlich vom Weltkonzern träumte, erscheint in der Rückschau eher weltfremd. Mit diffusen Begriffen wie »Charisma« kommt man nicht weit, wenn es um nachvollziehbare – und anwendbare – Erfolgskategorien geht. Definiert man Führungserfolg nüchtern als das Erreichen bestimmter Ziele, kristallisieren sich vor dem Hintergrund des Gesagten zwei entscheidende Erfolgsmotoren heraus:

- die *Kongruenz* von Situation (Erwartungen des Umfeldes) und eigenem Rollenverständnis und
- die *Konsistenz* in der aktuellen Rollengestaltung.

Zuverlässig einschätzen zu können, was in einer bestimmten Situation von einem erwartet wird und adäquat darauf zu reagieren ist das eine, die gewählte Rolle dauerhaft und widerspruchsfrei mit Leben zu füllen das andere. Eine Führungskraft, die heute so und morgen anders agiert, heute jovial Nähe sucht und morgen kühle Distanz pflegt, irritiert und verunsichert. Wer sich als Sanierer inszeniert und das Motto »Wir müssen alle sparen« ausgibt, riskiert seine Glaubwürdigkeit, wenn noch im selben Jahr eine erhebliche Steigerung der eigenen Bezüge publik wird oder das Vorstandsbüro luxuriös renoviert werden muss, bevor sein neuer Inhaber dort Einzug hält. Dasselbe Risiko geht der »Kumpelchef« im Start-up-Unternehmen ein, der alle demokratischen Lippenbekenntnisse vergisst, sobald sein Team tatsächlich einmal anderer Meinung sein sollte als er selbst.

Wer dagegen in der einmal gewählten Rolle stimmig agiert, wirkt fassbar und wird als berechenbare Größe in einer unberechenbaren Welt geschätzt. Diese Konsistenz sollte allerdings gepaart sein mit der nötigen Flexibilität, wenn sich die äußeren Rahmenbedingungen verändern – Kongruenz eben. Erfolgreiche Menschen verstehen es, sich immer wieder neu zu erfinden, wenn die Situation es erfordert. Auch wer partizipativ zu führen gewöhnt ist, muss daher in Krisenzeiten oder in einem autoritäreren Umfeld zu entschiedenerem Auftreten in der Lage sein. Und wer ohnehin gern selbst die Marschrichtung vorgibt, sollte umgekehrt eine Mannschaft, die bislang weitgehend selbstständig agierte, abholen und sukzessive von einem neuen Führungsstil überzeugen. Spitzenpolitiker beweisen häufig ein exzellentes Gespür für die Herausforderungen der aktuellen Lage. Sie wissen, wann es Zeit ist, den Brioni-Anzug gegen Gummistiefel und Friesennerz zu tauschen und mit ernster Miene durch Überschwemmungsgebiete zu stapfen oder die staatsfrauliche Pose zu vergessen und im Fußballstadion der eigenen Nationalmannschaft zuzujubeln.

Glaubwürdigkeit statt Authentizität

»Authentizität« ist also aus mehreren Gründen ein Mythos. Zum einen, weil der notorische Appell des »Sei authentisch!« auf einem grandiosen Missverständnis basiert – auf der Umdeutung einer Wirkungskategorie (etwa wirkt auf mich authentisch) zu einer Ausdruckskategorie (jemand verhält sich authentisch), wie wir schon im ersten Kapitel gesehen haben. Ferner, weil sich unser Selbst unweigerlich in einer Vielzahl von Rollen konkretisiert, weil wir als gesellschaftliche Wesen niemals keine Rollen spielen können. Sobald ein Gegenüber anwesend ist, wird unser Verhalten von gesellschaftlichen Normen beeinflusst – sei es, dass wir sie befolgen, sei es, dass wir dagegen verstoßen, wie in Kapitel 3 ausgeführt. Und drittens, weil Authentizität im naiven Sinne eines Nach-außen-Kehrens der aktuellen Befindlichkeit von der Umgebung keineswegs immer gutgeheißen, sondern im Gegenteil abgestraft wird (mit Irritation oder Ansehensverlust beispielsweise), wenn der resultierende Auftritt nicht zu den aktuellen Rollenerwartungen passt. Beispiele dafür bot das zweite Kapitel mit weniger erfolgreichen Rollenspielern von Kleinfeld bis Scharping. Ein sich vor Fernsehkameras verhaspelnder CEO ist ebenso wenig erwünscht wie ein Verteidigungsminister im Liebestaumel.

Es geht uns als Zuschauer im Kern auch gar nicht um »Authentizität« in dem einen oder anderen Sinne – es geht uns um die Berechenbarkeit unseres Gegenübers, das unseren situativen Ansprüchen genügt. Diese Ansprüche gerinnen im Falle von Berufsrollen in den offiziellen Drehbüchern der Unternehmen, die aus Leitbildern oder Kompetenzmodellen, Anforderungsprofilen oder Stellenbeschreibungen bestehen, und sie manifestieren sich in den ungeschriebenen Gesetzen der Organisationen, vom Umgang mit Statussymbolen bis zur Unternehmenskultur. All das gilt auch für Führungsrollen, die als komplexe Beziehungsrollen einen hohen Gestaltungsanspruch aufweisen. Wer dem gerecht werden will, muss nicht authentisch sein, sondern glaubwürdig: zuverlässig in seiner Einschätzung äußerer Ansprüche und konsistent in der Vereinbarung eigener Persönlichkeitsmerkmale und Werte mit äußeren Rollenerwartungen.

Anregungen zur Selbstreflexion

- Wie würden Sie das Umfeld, in dem Sie führen, charakterisieren?
- Welchen Erwartungskonflikten sehen Sie sich im Führungsalltag ausgesetzt? Welche dieser Konflikte lassen sich lösen, welche nicht?
- In welchen Subrollen sind Sie im Alltag besonders gefordert – zum Beispiel als Coach, Moderator, Netzwerker, Antreiber …?
- Wo sehen Sie Ihre persönlichen Stärken und Schwächen? Wie wirken Sie auf andere?
- Wie passt das, was man im Unternehmen über Sie weiß, zu dieser Rollenauffassung?
- Welche Mittel (Symbole, Handlungen) haben Sie bisher eingesetzt, um Ihr Rollenverständnis nach außen zu dokumentieren?
- Wie gut passt Ihre aktuelle Rolle zu Ihren persönlichen Stärken und Werten?

6
Die Lösung: Rollensouveränität statt Authentizität

> »Wenn wir nur einen kleinen Teil von dem leben kön-
> nen, was in uns ist – was geschieht dann mit dem Rest?«
> *Pascal Mercier (Nachtzug nach Lissabon)*

Von möglichen Kollateralschäden des beruflichen Rollenspiels und von der Sinnsuche hinter Klostermauern. Von den eigenen Werten und Motiven als Lebenskompass und von der nötigen Rollendistanz. Von der schwierigen Aufgabe, immer wieder die Balance zu wahren, und von der Möglichkeit, Rollen souverän auszufüllen und dadurch vielleicht doch wirkliche Authentizität zu erreichen.

Fluchtversuche aus dem beruflichen Rollenspiel

Szenenwechsel: Kloster Bursfelde am Ufer der Weser, anno 2007. In der Abgeschiedenheit eines 900 Jahre alten Gemäuers versammeln sich 15 Manager eines deutschen Automobilkonzerns. Karge Klosterzellen statt Businesshotel, Meditation statt Meetings, ein paar Tage ganz ohne PowerPoint, Blackberry und Laptop. Die Teilnehmer des klösterlichen Seminars sind zwischen Mitte 30 und Mitte 40 und suchen die Stille. Sie seien »erschrocken über die Veränderung unserer Persönlichkeit durch unsere Rolle im Arbeitsleben«, gibt einer der Manager zu Protokoll; ein anderer pflichtet ihm bei: »Ich habe auch Sorgen, mich bei weiteren Karriereschritten ganz zu verkaufen.« Und in einer seltsamen

Verkehrung der Rollen freut sich die evangelische Landesbischöfin Margot Käßmann angesichts klammer Kirchenkassen über die »boomende Nachfrage« zu Tagen der Einkehr in ihren geistlichen Zentren.

Ist das berufliche Rollenspiel in seiner erzwungenen Stromlinienförmigkeit nur noch mit kleinen oder größeren Fluchten auszuhalten? Das Magazin *Stern* widmet im April 2008 eine umfangreiche Titelgeschichte dem »Ausstieg auf Zeit«. Unter der Überschrift »Raus aus dem Job« erzählen Marketing- und Personalmanager, »Senior Auditoren« und IT-Fachleute von Gletscherwanderungen in Argentinien, schriftstellerischen Gehversuchen in Barcelona oder Reisen rund um die Welt. Die Aussteiger sind 32, 34, 37; nur einer hat die 40 beim Aufbruch in sein Sabbatical schon überschritten. Das klingt fatal nach Notbremse angesichts rasant zunehmender beruflicher Belastungen und scheint doch allemal klüger, als sich in das wachsende Heer derjenigen einzureihen, die irgendwann an Ihre Belastungsgrenzen geraten; Rollen verkörpern, die nicht mehr die ihren sind; die geködert wurden von der raschen Befriedigung scheinbar brennender Motive wie Status oder Erfolg; und welche sich äußere Identitäten zulegten, um dem Zeitgeist zu entsprechen.

Der Burn-out sei »der Kollateralschaden der Globalisierung«, resümiert der Hamburger Psychologe Matthias Burisch, der sich in einem Buch intensiv mit diesem Überlastungssyndrom befasst hat. Das, wie auch die allgemeine Zunahme psychischer Erkrankungen in den letzten Jahrzehnten, wirft einen dunklen Schatten auf die Karriereversprechen und Rollenanforderungen der auf Gewinnmaximierung ausgerichteten Berufswelt.

Der Preis des Rollenspiels

Am Anfang dieses Buches stand, der Verzicht auf Authentizität komme einer »Körperverletzung« gleich, am Ende ist gar die Rede vom psychischen Kollateralschaden. »… je mehr ein Manager – trainiert im opportunistischen Verhalten – mit schlauen Tricks den Profi spielt, desto mehr entfernt er sich von seinem wahren Selbst. Er lernt, eine Maske zu tragen«, so der Journalist Jörg Euster in der *HandelsZeitung*. Im selben Atemzug wird vor einer »problematischen Spaltung« der Persönlichkeit gewarnt. Damit sind wir wieder bei der Sorge, das Rollenspiel am Arbeitsplatz münde nahezu zwangsläufig in eine Beschädigung des »wahren Selbst«, und dem sei nur durch wie auch immer geartete Authentizität beizukommen.

Die professionellen Deformationen der Business-Class

Wer sich den Rollenerwartungen im Business rückhaltlos ergibt, bezahlt in der Tat einen hohen Preis. In seinen »Business-Class«-Kolumnen porträtiert der Schweizer Autor Martin Suter die ehrgeizigen Vertreter dieser Klasse, die beispielsweise auch die Scheidung im eigens anberaumten Meeting mit der Ehefrau abwickeln, um dabei routiniert gleich die gemeinsame Informationspolitik abzustimmen. »Im gegenseitigen Einvernehmen« wird die Agenda rasch abgearbeitet, anschließend noch kurz der private wie geschäftliche Verteiler für die E-Mail an Kollegen und Geschäftspartner »Betr.: Trennung« diskutiert.

Währenddessen liegt der Karrierekonkurrent, von der Familie zum »Ausspannen« verdammt, am Strand und grübelt: »Wie soll sich eine Schweizer Führungskraft entspannen auf einer Strandliege, deren Miete nicht bezahlt ist?« Und so vermisst der geplagte Wirtschaftslenker auch im Urlaubsparadies nichts mehr als den Hopfer aus der Rechtsabteilung oder den Flawiler aus der Buchhaltung, die derartige Probleme diskret zu regeln verstünden.

Suter weiß, wovon er spricht, schließlich brachte er es im ersten Leben bis zum Creative Director einer renommierten Werbeagentur und zum Präsidenten des Schweizer Art Directors' Club. Wenn einem beim Lesen seiner Texte das Lachen gelegentlich im Hals stecken bleibt, dann weil er ebenso boshafte wie treffende Schilderungen tiefgreifender professioneller Deformationen liefert. Seine Hubers, Hopfers oder Flawilers sind nicht nur morgens im Bad und abends beim Rotwein unablässig mit ihrer Karriere beschäftigt und um ihren Status besorgt, ihr berufliches Rollenverhalten prägt daneben unerbittlich alle anderen Lebensbereiche und Beziehungen. Sie funktionieren im Job (jedenfalls meistens), aber sonst funktioniert in ihrem Leben eigentlich recht wenig.

Ein solcher Preis für das berufliche Fortkommen wäre zweifellos hoch. Allerdings ist der beschriebene Selbst-Verlust nicht der zwangsweise zu entrichtende Obolus für das professionelle Rollenspiel, sondern im Gegenteil der Preis für eine blinde und unreflektierte Rollenanpassung, der der Einzelne kein wie auch immer geartetes Korrektiv entgegenzusetzen hat. Die *déformation professionelle* ist nicht automatische Folge eines wohl überlegten Rollenspiels (wie Authentizitätsverteidiger irrtümlich unterstellen), sondern ein Indiz für einen Mangel an Selbstreflexion und bewusster Selbststeuerung. Wer seinen beruflichen Kontext nicht als die Bühne für ein Rollenspiel begreift, das nur aus einer inneren Distanz heraus virtuos zu spielen ist, läuft Gefahr, von seiner Rolle »aufgefressen« zu werden. Dafür gibt es ein wirksames Gegenmittel: die Besinnung auf die eigenen Kernwerte.

Werte als Handlungsantrieb und Lebenskompass

Was ist wirklich wichtig im Leben? Auf diese Frage hat jeder Mensch seine sehr individuellen Antworten. Für den einen zählen vor allem Erfolg und Macht, für den nächsten Beziehungen und Geborgenheit, für wieder andere Wissen und Spiritualität. Werte bestimmen nicht nur, was wir für wesentlich halten, sondern prägen unsere Urteile – wir sehen die Welt durch die Brille unserer Wertvorstellungen. Werte entstehen unter anderem aus Erfahrungen und passen sich der Umwelt an. Sie regulieren unser Verhalten, indem sie motivationale Ziele definieren. Wer Harmonie oder Altruismus zu seinen Kernwerten zählt, urteilt und handelt anders als der Nachbar, für den Leistung und Unabhängigkeit im Vordergrund stehen. Was für den einen das unverzichtbare »soziale Netz« ist, wird für den anderen zur »sozialen Hängematte«; wo der Erste »soziale Kälte« beklagt, fordert der Zweite schlicht mehr »Eigenverantwortung«. Jenseits aller Sonntagsreden und sozial erwünschten Lippenbekenntnisse verraten die eigentlichen, wahren Werte eines Menschen, was er für wichtig und richtig hält. Richtet er sein Handeln danach aus, lebt er im Einklang mit sich selbst.

Für die Soziologie sind »Werte« gesellschaftlich verankerte Konstrukte; für das Individuum bilden sie gedankliche Leitvorstellungen, die in persönlichen Veranlagungen und individuellen Lebenserfahrungen wurzeln. Werte machen unsere Persönlichkeit im Wesentlichen aus und sind zumeist relativ stabil. Sie leiten unsere Identität, unsere Einstellungen und unser Handeln. Auch »Motive« benennen (vor allem in der Psychologie) aktiv verfolgte Ziele, sind uns aber weniger bewusst. Zwischen beiden Begrifflichkeiten existieren durchaus semantische Überschneidungen. Mittlerweile hat sich der Begriff der Werte durchgesetzt, ist aber klar zu differenzieren von den »instrumentellen Werten«, sogenannten Sekundärtugenden wie Ehrlichkeit, Pflichterfüllung und so weiter. Während Werte eher das Sein, also den Aspekt des Weges beschrieben (zum Beispiel Unabhängigkeit), bezeichnen Ziele das Haben (beispielsweise ein bestimmtes Einkommen).

Ihre persönlichen Kernwerte

Wie ein Katalog der wichtigsten möglichen Werte aussehen könnte und welche davon interkulturelle Gültigkeit besitzen, beschäftigt zahlreiche Wissenschaftler. Besonderer Popularität erfreut sich in den letzten Jahren das Modell des US-Psychologen Steven Reiss, der 16 zentrale »Lebensmotive« postuliert, die universell und in ihrer überwiegenden Mehrzahl genetisch bedingt seien: Macht, Unabhängigkeit, Neugier, Anerkennung, Ordnung, Sparen, Ehre, Idealismus, Beziehungen, Familie, Status, Rache, Eros, Essen, körperliche Aktivität und Ruhe. Reiss' besonderes Verdienst ist es, die Aufmerksamkeit auf die handlungsleitende Relevanz des jeweils individuellen Werteprofils gelenkt und sie mit dem Begriff der »Lebensmotive« unterstrichen zu haben: Ein im persönlichen Glaubenssystem zentraler Wert ist ein starker Handlungsantrieb – aus Werten resultieren motivationale Ziele. Anders gesagt: Werte bestimmen, was uns bedeutsam ist und was wir tun (möchten).

Jeder Wertekatalog ist diskutabel, und mit Konzepten wie »Ehre« oder »Rache« scheint der Reiss-Katalog allen Objektivitätsbeteuerungen zum Trotz eine leicht nordamerikanische Schlagseite zu bekommen. Einen etwas anderen Weg als Reiss ist sein Fachkollege Shalom Schwartz gegangen, der nach Studien in den USA heute in Jerusalem lehrt. Er geht von insgesamt zehn übergreifenden »Wertetypen« aus, die eng verwandte Werte zusammenfassen und deren potenzielle Unvereinbarkeit er in einem einfachen Kreisdiagramm vor Augen führt.

Schwartz' Modell aufgreifend und aktualisierend lassen sich elf Kernwerte ableiten, die versuchen, die beinahe unüberschaubare Zahl möglicher Werte zu bündeln (sie sind in der Abbildung 6 dargestellt). Ein Wertetyp wie »Unabhängigkeit« findet seine Ausprägung in einzelnen Werten wie Freiheit, Eigenverantwortung und Selbstgenügsamkeit. Gegenüber liegt der Wertetyp »Konformität« mit den Ausprägungen Eingliederung, Höflichkeit, Selbstdisziplin. Beide sind nicht leicht miteinander vereinbar. Auch »Sicherheit« und »Stimulanz« (im Sinne von Offenheit für neue Erfahrungen) oder »Hilfsbereitschaft« und »Macht« liegen einander aus diesem Grund im Kreis gegenüber, während »Sicherheit« und »Konformität« sich ergänzen und daher in direkter Nachbarschaft angeordnet sind, ebenso wie »Macht« und »Erfolg«. Selbstverständlich sind die Begrifflichkeiten nie ganz trennscharf, fließende Übergänge sind zum Teil gewollt. Die Werte Sinnlichkeit, Körperlichkeit und Transzendenz in der Mitte können jenseits solcher Gegensatzpaare für jeden Menschen mehr oder weniger relevant sein und sind aus diesem Grund im Zentrum verortet.

Menschen unterscheiden sich in ihrer Persönlichkeit nicht nur im Hinblick auf ihre individuellen Wertestrukturen, sondern auch in der Anzahl der für sie relevanten Werte. Je breiter das Wertespektrum, desto größer die Anzahl motivationaler Ausrichtungen und damit korrespondierender passender Rollen.

Abbildung 6: **Die elf Kernwerte: Verwandte Werte befinden sich in den Quartilen, potenziell konfliktträchtige Werte liegen einander gegenüber, universale Werte befinden sich in der Mitte.**

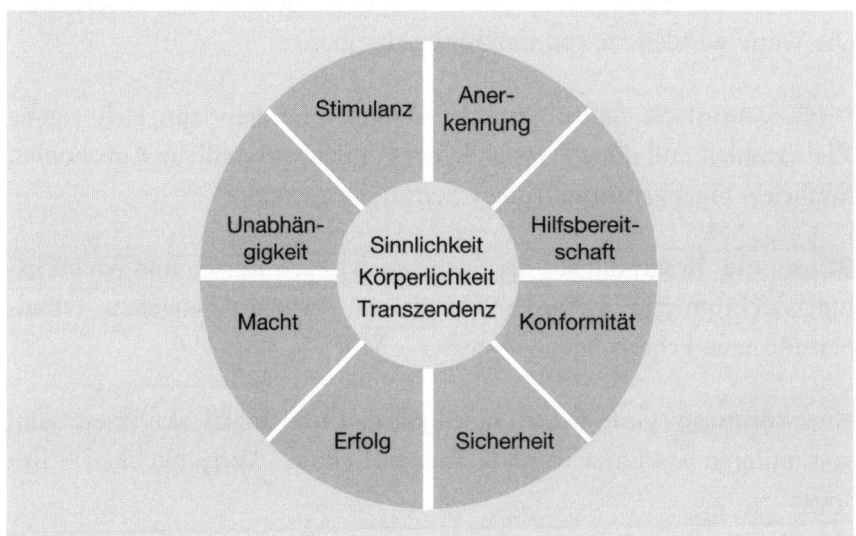

Sich der eigenen Werte bewusst zu sein – zu wissen, welche in der ganz persönlichen Wertehierarchie an der Spitze stehen –, ist der Schlüssel zu einem erfüllten Leben. Wer dauerhaft gegen seine innersten Überzeugungen handelt, wird unausgeglichen oder gar krank. Die Zunahme psychosomatischer Erkrankungen spiegelt die gestiegenen psychosozialen Belastungen für den Einzelnen wieder – auch und gerade die Belastungen in der Berufswelt. Den Einklang von »Selbst« und Berufsrolle vermissen viele, die einer alten Familientradition folgend eben Arzt, Jurist oder Banker wurden und aus eigenem Antrieb womöglich lieber als Verleger, Schauspieler oder Forscher tätig wären. Ähnliches scheint für manchen zu gelten, der im harten Wettbewerb um Marktanteile und Karrierechancen die Ellenbogen ausfährt. »Mich quält ein schlechtes Gewissen im Job, weil ich gegen meine eigenen Werte handle«, das trifft laut einer aktuellen Umfrage der Düsseldorfer Personalberatung LAB für fast 45 Prozent der Manager »mehrmals pro Jahr« zu, für 11 Prozent sogar »einmal die Woche«. »Nie« von derartigen Skrupeln geplagt werden nur knapp 14 Prozent der Befragten.

Kennen Sie Ihre Kernwerte? Wissen Sie, was Sie wirklich antreibt? Wenn Sie zögern, gehen Sie einmal den folgenden Katalog durch. Welche Werte würden Sie spontan unterschreiben?

Unabhängigkeit Selbstbestimmt denken und handeln, sich eigene Ziele wählen und diese verwirklichen können, persönliche Autonomie. Freiheit – Eigenverantwortung – Selbstgenügsamkeit

Stimulanz Beständig auf der Suche nach neuen Reizen und Abwechslungsreichtum sein, außerdem bereit sein, Risiken einzugehen. Offenheit für neue Erfahrungen – Neugier – Mut

Anerkennung Gute Beziehungen pflegen und sozial akzeptiert sein, von anderen geschätzt werden. Zugehörigkeit – Verträglichkeit – Respekt

Hilfsbereitschaft Sich verantwortlich fühlen für das Wohl anderer, persönliche Integrität wahren und Hilfsbereitschaft üben. Toleranz – Engagement – Gerechtigkeit

Konformität Respekt vor gesellschaftlichen Konventionen, Befolgen allgemein akzeptierter Regeln. Eingliederung – Höflichkeit – Selbstdisziplin

Sicherheit Wertschätzung geregelter Abläufe und Stabilität, Minimierung von Risiken, alles im Griff haben wollen. Berechenbarkeit – Ordnung – Tradition

Erfolg Sich ehrgeizige Ziele setzen und diese konsequent anstreben, sozial anerkannte Erfolge erzielen wollen. Leistung – Ehrgeiz – Wohlstand

Macht Soziales Ansehen und Autorität genießen, sich mit anderen messen und eine dominante Position einnehmen wollen. Einfluss – Status – Wettbewerb

Sinnlichkeit Ein Faible für Schönheit und Kunst, das Leben genießen wollen, Sexualität intensiv ausleben. Genuss – Erotik – Ästhetik

Körperlichkeit Vitalität und sportliche Aktivität genießen, gesund, fit, attraktiv sein wollen, Harmonie von Körper, Geist und Seele. Fitness – Ernährung – Lebendigkeit

Transzendenz Streben nach Wissen und Spiritualität, Beschäftigung mit Fragen, die über das Alltagsleben hinausweisen. Weisheit – Erkenntnis – Bildung

Abbildung 7: **Beispiel einer Wertestruktur**

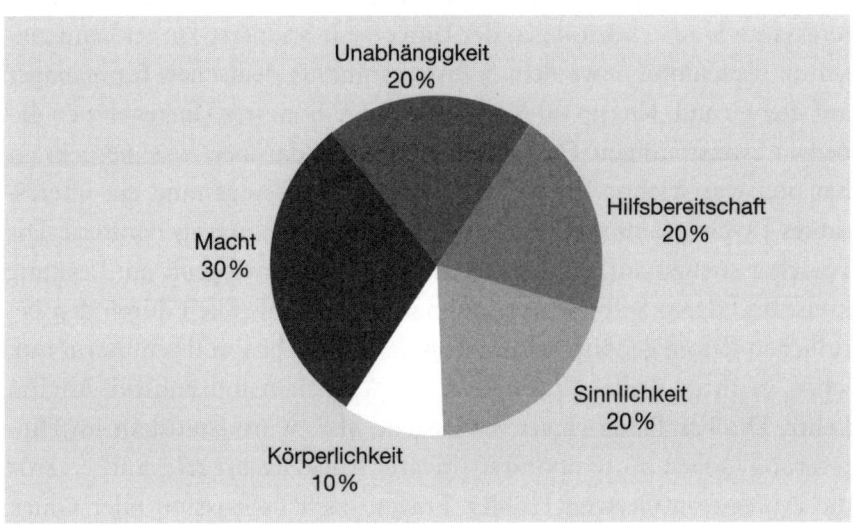

Möglicherweise haben Sie eine ganze Reihe von Werten spontan markiert. Um Ihre drei bis fünf wirklichen »Kernwerte« zu ermitteln, lassen Sie diese noch einmal Revue passieren: Welche Werte würden übrig bleiben, wenn Sie sich auf fünf beschränken müssten? Welche, wenn Sie nur drei umsetzen könnten? Und schließlich der Extremfall: Was wäre, wenn Sie in einer bestimmten Situation nur einen Wert retten könnten? Welcher wäre das? So können Sie zum Beispiel Ihre fünf wichtigsten Werte in eine Rangfolge bringen. Dies ist vor allem wichtig, da Wertesysteme bisweilen Widersprüche beinhalten. Das vorgeschlagene Ranking soll Ihnen zunächst auch nur eine grobe Richtungsbestimmung ermöglichen. Alternativ lässt sich Ihr persönliches Werteprofil auch in einem Kreisdiagramm festhalten, dessen Summe 100 Prozent ergibt. Ihre Kernwerte scheinen so als Facetten Ihrer Persönlichkeit und als möglicher Kompass für tägliches Handeln auf.

Selbstverwirklichungsansprüche und Rollen

Im Jahre 2000 initiierte die Düsseldorfer Identity Foundation eine interessante Studie: Soziologen der Universität Stuttgart-Hohenheim gingen in Tiefeninterviews dem Selbstverständnis deutscher Topmanager auf den Grund. Knapp 60 Vorstände DAX-notierter Unternehmen gaben in zweistündigen Gesprächen Auskunft darüber, was sie geprägt hat und was wichtig für sie ist. Auf diese Weise entstand ein interessantes Psychogramm der Führungselite der Nachkriegsgeneration. Die Forscher stießen auf Menschen, deren Leben vorwiegend um Leistung kreist und deren Selbstwertgefühl nahezu ausschließlich durch den beruflichen Erfolg genährt wird. »Topmanager gehen in ihrem Beruf auf, leben in ihrer Rolle«, resümiert die Wirtschaftsjournalistin Brigitta Lentz. Die Familie etwa sei vorwiegend als »Wärmehaushalt im Hintergrund«, eben als temporärer privater Rückzugsort relevant, ergänzt die Professorin Gertrud Höhler. Fragen nach Lebenssinn oder Glück stellten sich erst gar nicht: »Spitzenkräfte verzichten mit großer Unbekümmertheit darauf, die letzten von den vorletzten Fragen zu trennen«, so die bekannte Managementberaterin. »Die fragen nicht: Wie komm' ich zum Eigentlichen? und schon gar nicht: Wann komme ich zu mir selbst?« Und auch ethische Zweifel oder moralische Konflikte sind der Studie zufolge eher selten: Wenn wirtschaftlicher Erfolg unangefochten die Spitze der Werteskala bildet, entstehen manche Bedenken offenbar erst gar nicht, oder sie lassen sich leichter beiseiteschieben.

Schwer vorstellbar, dass die Manager dieser Generation sich wie die eingangs zitierten heutigen Aussteiger auf Zeit im Alter zwischen 30 und 40 in ein Sabbatical verabschiedet hätten, um ferne Kontinente zu bereisen oder gar die eigenen Kinder zu betreuen. Dafür bedarf es eines nagenden Gedankens, des Gefühls, etwas zu verpassen – oder des dringenden Bedürfnisses nach Entlastung von den empfundenen Zumutungen der beruflichen Rolle. Beides setzt offenbar ein anderes Wertesystem voraus als das der auf Leistung und Erfolg getrimmten Nachkriegskinder. Insofern verwundert es wenig, dass die Authentizitätsdebatte erst in den letzten Jahren an Fahrt gewann.

So gesehen, hatten es die Manager des letzten Jahrtausends leichter als das Führungspersonal von heute: Ihre Wertestruktur passte offenbar besser zur Welt der Wirtschaft als die Ihrer Nachfolger, die nun im Kloster nach Selbstbesinnung suchen. Manche Fragen stellen sich eben erst vor dem Hintergrund einer auf Individualität und Selbstverwirklichung (im Maslowschen Sinne) pochenden Sozialisation, angesichts der Erosion traditioneller Geschlechterrollen und zunehmend brüchiger Anstellungsverhältnisse: Wieso sollte man sein Leben komplett einem Unternehmen verschreiben, dass in der derzeitigen Form in 6, 12 oder 24 Monaten womöglich gar nicht mehr existiert? Die klassische Karriere war ja nicht zuletzt ein Tauschgeschäft: Status und Sicherheit gegen Loyalität und unbedingten Einsatz.

Lebensbalance: Werte und Rollen austarieren

Wer seine Kernwerte ausleben kann, handelt im Einklang mit sich selbst, so die Ausgangsthese. Er erlebt sein Tun als stimmig und erfährt persönliche Befriedigung. Dauerhaftes Lebensglück ist möglich, wenn Wertvorstellungen und Rollen eine Einheit bilden, so der Professor für Psychologie Mihàly Csikszentmihàlyi. Denn dann

- befinden sich Werte und Rollen im Gleichgewicht,
- bilden Handeln und Bewusstsein eine Einheit,
- sind Selbstzweifel und Ablenkungen im aktuellen Tun minimiert, das Zeitgefühl wird aufgehoben (Flow-Erlebnis).

Klafft zwischen Werten und Rollen ein tiefer Spalt, entsteht das Gefühl, eine Maske tragen zu müssen, sich zu »verbiegen«, permanent gegen die eigenen Überzeugungen zu verstoßen. Einiges spricht dafür, dass die Manager- oder Führungsrolle für viele Rollenträger in den letzten Jahrzehnten problematischer geworden ist. Das liegt nicht allein an den zum Teil widersprüchlichen Anforderungen einer immer komplexeren und sich rasch wandelnden Wirtschaft mit sich neu entwickelnden Wertestrukturen, sondern auch an Verschiebungen im persönlichen Wertesystem der Rollenträger – gemäß ihrer Lebensphasen.

Wer heute nicht nur auf temporäre Fluchten setzen will, muss selbst immer wieder für die Balance zwischen Werten und Lebensrollen sorgen. Souverän mit seinen Rollen umzugehen bedeutet dabei auch, einen klaren Blick dafür zu entwickeln,

- welche persönlichen Werte in welchen Rollen ausgelebt werden (können),
- welche Werte im aktuellen Rollenportfolio zu kurz kommen und schließlich
- welche Weichenstellungen eine größere Ausgewogenheit von persönlichen Werten und Rollen ermöglichen würden.

Eine klar strukturierte Matrix, die Werte und Rollen miteinander verzahnt, hilft bei dieser Selbstklärung. Sie kann Ausgangspunkt einer jährlichen »Rollenbilanz« sein. Notieren Sie zunächst Ihre Kernwerte in der Horizontalen, und listen Sie anschließend darunter Ihre aktuellen Lebensrollen auf. Markieren Sie in der Tabelle, wo Sie eine Rolle realisieren, in welcher Sie einen Wert ausleben können (ein Kreuz) beziehungsweise sehr stark ausleben können (zwei Kreuze). Um keine wesentliche Rolle außer Acht zu lassen, können Sie sich an den vier zentralen Lebensbereichen orientieren.

Je mehr Kreuze verschiedene Felder der Matrix markieren, desto ausbalancierter und vielfältiger ist ein Leben. Wenn Sie Werte notiert haben, die Sie in keiner Ihrer aktuellen Rollen ausleben können, sollte Sie das ebenso nachdenklich machen wie Rollen, die nicht mehr zu Ihrer aktuellen Wertestruktur passen. Wertehierarchien können sich im

Laufe der Zeit (nicht zuletzt unter dem Einfluss ausgeübter Rollen) wandeln. Eine Möglichkeit, wieder mehr Balance herzustellen, besteht darin, aktuelle Rollen umzuinterpretieren beziehungsweise zu erweitern, beispielsweise als Führungskraft »mitmenschlicher« zu agieren. Ebenso kann man sich neue Rollen aneignen – von der neuen Sportart über ein Ehrenamt bis zur neuen beruflichen Aufgabe. Im Falle von Rollen, die unsere Wertestruktur nicht mehr widerspiegeln, ist über eine Reduzierung der Rollen nachzudenken: Müssen Sie wirklich auf all diesen »Hochzeiten tanzen«?

Übersicht 8: Beispielhaft ausgefüllte Werte-/Rollenmatrix, die vier Lebensbereiche aufgreifend

	Kernwerte → Rollen ↓	Macht	Unabhängigkeit	Hilfsbereitschaft	Sinnlichkeit	Körperlichkeit	...
Beruf/ Karriere	Führungskraft	XX	X	X			
	Mitarbeiter	X		XX			
	...						
Freunde/ Familie	Elternteil	X		X			
	Liebhaber		X		X	X	
	...						
Gesundheit	Marathonläufer		X			XX	
	Konsument	X				X	
	...						
Ich selbst	Aktivurlauber		X	X			
	Meditierender		XX		XX	X	
	....						

Unterschiedliche individuelle Werteprofile korrespondieren zudem mit verschiedenen Facetten der Führungsrolle. Eine Führungskraft, die Unabhängigkeit und Macht zu ihren Kernwerten zählt, wird sich mit der Rolle eines »Coach« schwerer tun als ein Kollege, für den Hilfsbereitschaft ein selbstverständlicher Wert ist. Ein stark von Stimulanz geprägter Manager wird sich als Visionär und Impulsgeber leichter tun als bei Routineaufgaben wie Organisation und Kontrolle. Abbildung 8 ordnet Subrollen von »Führung« und Werte einander zu. Wie viel »Authentizität« Sie sich in einer Situation leisten wollen, entscheidet sich an einer simplen Frage: Passen Ihre Werte und die Subrollen, die im aktuellen Führungskontext besonders gefordert sind, zusammen?

Etliche Führungskontexte lassen durchaus Spielraum bei der Interpretation der Führungsrolle zu: Der Rollenträger kann sich die Rolle quasi auf den Leib schneidern. Auch ein gewandeltes Rollenverständnis im Laufe der Führungsbiografie kommt vor, etwa wenn der »vorgesetzte« Hardliner im Management sich zunächst seine Machtposition erkämpft, sich im Alter dann eher als unterstützender »Coach« für seine Mitarbeiter versteht. Und womöglich erst dann bereit ist, seinen Nachfolger aufzubauen. Die Herausforderung beginnt, wenn der aus persönlichen Werten resultierende Wunsch, zum Beispiel eine Führungsrolle kooperativ zu spielen, mit aktuellen Rollenerfordernissen einer krisenorientierten, kurzfristigen Wertschöpfung kollidiert.

Grundsätzlich gilt: Wer es versteht, die verschiedenen Facetten seiner Persönlichkeit in unterschiedlichen Rollen aufscheinen zu lassen, wird auch eher in der Lage sein, sich für eine überschaubare Zeit einmal ganz auf eine bestimmte Rolle zu konzentrieren – beispielsweise beim Einstieg in eine Führungsaufgabe seine Hauptenergie zunächst auf die neue Rollenerwartung zu konzentrieren. Und er wird es auch eher verkraften, die Führungsrolle aufgrund situativer Erfordernisse für eine gewisse Zeit anders auszufüllen, als ihm sein Werteprofil und seine Persönlichkeitsstruktur eigentlich nahelegen – beispielsweise als harter Sanierer aufzutreten, auch wenn ihm diese Rolle persönlich weniger liegt. Längst werden unter Stichworten wie »Lebensphasenmodell« oder

»sequenzielles Lebensdesign« zudem auch altersabhängige Wertverschiebungen diskutiert: Während beruflicher Erfolg in der Werteskala vieler Menschen bis Mitte 30 oben rangiert, rücken später Familie und Beziehungen an die Spitze, um im Alter von Sinnfragen und der Sorge um die eigene Gesundheit abgelöst zu werden. Eigene Ziele und Werte werden häufig in der Lebensmitte noch einmal grundsätzlich hinterfragt. Eigene Werte und eigene Rollen zusammenzubringen, bleibt damit eine lebenslange Herausforderung.

Abbildung 8: Mögliche Interpretation von Führungsrollen gemäß individueller Werte

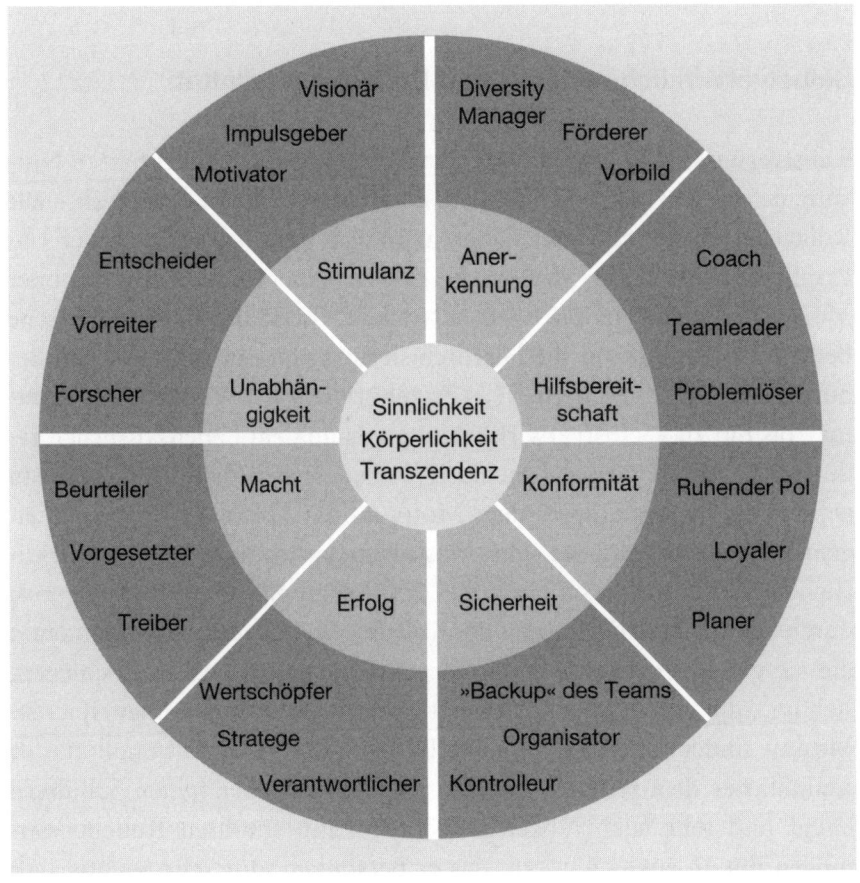

Das Kreisdiagramm sensibilisiert daneben für potenzielle Reibungs-
flächen zwischen einzelnen Werten – im Beispiel etwa das Konfliktpotenzial zwischen Macht und Hilfsbereitschaft, die häufig mit Mit-
menschlichkeit einhergeht. Wie verhalte ich mich, wie entscheide ich
mich, wenn ich mich als Führungskraft zu rigiden Maßnahmen (etwa
Kündigungen) gezwungen sehe und damit gegen einen meiner Kernwerte (»Hilfsbereitschaft«) verstoße? Vertage ich meine »weichere«
Seite problemlos auf den Feierabend, versuche ich, zumindest die Folgen für die Betroffenen etwas abzumildern, oder verabschiede ich mich
irgendwann von der mir zugedachten Rolle? Derartige Wertekonflikte
sind nur mit einem hohen Maß an Klarheit über die aktuelle Wertehierarchie lösbar.

Selbstverwirklichung bedeutet Rollensouveränität

Selbstverwirklichung wird in diesem Denkmodell zur reflektierten Nutzung der unterschiedlichen Rollen, die die Gesellschaft bereithält – zur
Rollensouveränität. Damit nähert man sich dem Ansatz, den der US-
Psychologe Abraham Maslow bereits in seinem Standardwerk über
Motivation und Persönlichkeit entwickelt. So häufig die Maslowsche
Bedürfnispyramide auf die Hierarchisierung von »physiologischen Be-
dürfnissen« über »Sicherheit«, »Zugehörigkeit«, »Wertschätzung/Sta-
tus« bis hin zu »Selbstverwirklichung« als finalem Lebensanspruch reduziert wird, so wenig Beachtung haben seine Ausführungen dazu
gefunden, was denn unter dem Motiv an der Spitze der Pyramide eigentlich zu verstehen sei. Für Maslow zeichnen sich selbstverwirkli-
chende Menschen durch ein hohes Maß persönlicher Autonomie aus,
durch eine »innere Distanz zu der Kultur (...), in der sie sich befinden«,
die sie gleichermaßen befähige, deren Rollenansprüche zu bedienen,
sich im subjektiv richtigen Moment aber auch davon zu emanzipieren.
Maslow findet dafür das passende Bild von der »Konventionalität« als
Mantel, der dem reifen Menschen »sehr leicht über seinen Schultern
hängt und sehr leicht abgelegt werden kann«, sollten Rollenerwartungen ihn an etwas hindern, das er persönlich »für sehr wichtig hält

oder für grundlegend«. Daraus lässt sich die Empfehlung ableiten, nicht völlig kritiklos mit einer (wie auch immer gearteten) Rolle zu verschmelzen, sondern ein Gespür dafür zu bewahren, wann einem das dort Abverlangte an die persönliche (Werte-) Substanz geht.

Die Konsequenz in einer solchen Situation kann sein, sich Spielfelder des Lebens zu suchen, auf denen die verschiedenen Werte in unterschiedlichen Rollen ausgelebt werden können; oder auch, bestimmte Rollen abzulegen, wenn sie zur fremden Maske und damit kaum mehr erträglich werden. Wer im Wesentlichen von altruistischen Motiven angetrieben wird, wird diese in der Rolle des Vorstandssprechers einer Großbank vermutlich wenig umsetzen können und sich anderswo ein Ventil dafür suchen, etwa im Ehrenamt, als Mäzen oder in privaten Beziehungen. Ob ein Leben bei diesem Spagat irgendwann aus den Fugen gerät, hängt auch von der persönlichen Fähigkeit zur Rollendistanz ab.

Wie viele Zugeständnisse an eine Rolle jemand zu machen bereit ist, ist also eine sehr persönliche und individuelle Frage. Ihr persönliches Werteprofil ist dabei entscheidend. Sich darüber klar zu sein und reflektiert Entscheidungen zu treffen ist allemal besser, als sich beruflichen Rollenerwartungen hilf- und kopflos zu unterwerfen, um irgendwann erstaunt aufzuwachen und die eigenen Charakterdeformationen zu beklagen – oder gar dem Staatsanwalt erklären zu müssen, dass man in einem fragwürdigen Spiel mitgespielt habe, weil das schließlich »alle« so machten. Wenn fast die Hälfte aller Manager zugibt, im beruflichen Umfeld »oft« oder »sehr oft« unmoralische Handlungen zu beobachten und nur mageren 1,3 Prozent das »nie« passiert[21], ist es nur eine Frage der Zeit, bis man sich selbst in einem moralischen Dilemma wiederfindet. Dass solche Prophezeiungen nichts mit weltfremder Bedenkenträgerei zu tun haben, wurde spätestens am 14. April 2008 öffentlich, als der *Spiegel* auf dem Titelblatt die »Innenansicht eines korrupten Konzerns« versprach. Gemeint war eine der Säulen der deutschen Wirtschaft: die Siemens AG. Im Innenteil erfuhr man dann von »abfindungsbedingter Amnesie« allzu skrupulöser Mitarbeiter (so angeblich der Siemens-Jargon) und von Vorgehensweisen, die das Nachrichtenmagazin ungeniert mit denen einer »anderen ehrenwerten Gesellschaft« verglich.

Wir können dem gesellschaftlichen Zwang zum Rollenspiel ohnehin nicht entgehen, so die These in Kapitel 3. Selbst wo wir bestimmte Rollen verweigern, inszenieren wir uns unweigerlich vor der Kulisse impliziter Erwartungen. Selbstverwirklichung besteht von dieser Warte aus nicht in einem unreflektierten Ausleben spontaner Impulse, sondern in einer bewussten Lebensgestaltung und Rollenauswahl. Das geht nicht ohne gelegentlichen Helikopterblick und ohne eine zumindest temporäre Rollendistanz. Im Extremfall kann die dann gezogene Lebensbilanz sogar dazu veranlassen, bisher gelebte Rollen völlig abzustreifen und ein »zweites Leben« zu beginnen. Zu den Menschen, die einen derart radikalen Rollenwechsel gewagt haben, gehört beispielsweise der Schweizer Herzchirurg Markus Studer, der sich nach einer medizinischen Bilderbuchkarriere 2002 mit 56 Jahren als Leitender Partner des Herzzentrums Zürich verabschiedete, um ein Logistikunternehmen zu gründen und fortan mit einem 40 Tonnen schweren LKW durch Europa zu touren. Zu ihnen gehört auch der Investmentbanker Peter Ferres, der nach zwei Jahrzehnten im Bankgeschäft seinen Job kündigte und in Frankfurt eine internationale Grundschule gründete. Die Liste ließe sich um prominente Rollenwechsler verlängern, vom Schauspieler Karlheinz Böhm und seiner Äthiopienhilfe »Menschen für Menschen« bis zu Brigitte Bardot und ihrem Engagement für den Schutz bedrohter Tierarten.

Beispiele wie diese verdeutlichen, welch starker Antriebsmotor Werte sein können: Der Wunsch, mit Kindern zu arbeiten, ließ Peter Ferres auf ein Spitzengehalt verzichten und mit Anfang 40 in London erst einmal ein Pädagogikstudium absolvieren. Markus Studer wollte nicht so »verantwortungslos« sein, als Herzchirurg »den Absprung nicht rechtzeitig zu finden«, und sich außerdem einen Kindheitstraum erfüllen. Dazu machte er mit Mitte 50 den LKW-Führerschein und eignete sich noch als Herzchirurg die nötigen Kenntnisse im Transportbusiness an. Wer immer wieder Gründe findet, warum er die Dinge, die er »eigentlich« gerne tun würde, nicht in die Tat umsetzen kann, wird sich in selbstkritischen Momenten vielleicht bewusst werden, dass seine Wertehierarchie in Wahrheit doch anders aussieht, als er sich und anderen gern glauben machen würde. Wenn zum Beispiel Sicherheit oder Status den entscheidenden letzten Ausschlag geben, schreckt der Topmanager vor radikalen Rollenwechseln, mit denen er gegenüber Freunden kokettiert, eben doch zurück.

Zur souveränen Wahrnehmung von Lebensrollen gehört daher, sich selbst zu kennen und sich unabhängig von gesellschaftlichen Erwartungen so zu akzeptieren, wie man ist – um anschließend für sich »passende« Rollen mit Bedacht auszuwählen und aktiv zu gestalten, im Sinne von Friedrich Nietzsches »Werde fort und fort der, der du bist – der Lehrer und Bildner deiner selber!«.

1. Selbsterkenntnis im Sinne der persönlichen Wertestruktur
2. Reflexion über die derzeit gelebten Rollen
3. Uminterpretation der Rollen und der gezeigten Verhaltensweisen *oder* Rollenwechsel

Resultat ist im Idealfall ein Rollenbündel, das überwiegend nicht als Bürde oder Zwang zur Maske erlebt wird, sondern als persönliche Befriedigung und in sich stimmig. Das Wohlfühlen in der eigenen Haut führt zu echter Selbstsicherheit. Das wiederum mag von den Mitspielern als besondere Glaubwürdigkeit, als Charisma, als »Authentizität« erfahren werden. Gehen Sie also raus, erobern Sie die Bühne durch ausgesuchte Facetten Ihrer Persönlichkeit und werden Sie so auf Dauer – authentisch.

Anregungen zur Selbstreflexion

- Welche Lebensrollen spielen Sie zurzeit auf welchen Spielfeldern?
- Welche dieser Rollen empfinden Sie als »Maske«, in welchen gehen Sie auf?
- Welche Ihrer Werte können Sie ausleben, welche nicht?
- Wann erleben Sie die Übereinstimmung zwischen inneren Werten und augenblicklichem Gebaren (nach Erich Fromm das Zeichen für Authentizität)?

- Wie gut passen die Werte, die in Ihrer Organisation vertreten und gelebt werden, zu Ihren ganz persönlichen Werten?
- Haben sich Ihre Wertvorstellungen in den letzten Jahren verändert? Wenn ja, wie?
- Wie betrachten Sie diese Veränderung? Bekommen Sie positive oder negative Rückmeldungen Ihrer Umwelt (»Früher warst du ganz anders ...«)?
- Was würden Sie an Ihrem aktuellen Rollenportfolio gerne verändern?
- Wie sieht also Ihr persönlicher Aktionsplan aus?

»O der ist noch nicht König, der der Welt gefallen muss!
Nur der ist's, der bei seinem Tun
nach keines Menschen Beifall braucht zu fragen.«
Friedrich Schiller (Maria Stuart)

Anmerkungen

1 Quellen: http://lebensimpulse.herz-impulse.de/seminare. www.mulivation.de/training.htm. www.frank-lassner.de. www.doersch.com/seminare_und_themen.html.

2 Seminarangebot »Authentisch leben – die Entscheidung liegt bei Dir!« am Interfakultativen Institut für Entrepreneurship der Universität Karlsruhe (TH), im Netz unter www.iep.uni-karlsruhe.de/661.php.

3 Es gibt nur eine Sache, die du brauchst. Aufrichtigkeit. Sobald du das vortäuschen kannst, hast du es geschafft.

4 »Mitarbeiter der Porsche AG profitieren auch im Jahr 2007 von der positiven Geschäftsentwicklung«; Meldung unter www.autointell.de vom 10.10.2007. Für das Jahr 2007 betrug die freiwillige Sonderzahlung demnach 5 200 Euro.

5 Der Andenpakt wurde 1979 während einer Südamerikareise der Jungen Union ins Leben gerufen. Mitglieder sind unter anderem Franz Josef Jung, Roland Koch, Peter Müller, Friedbert Pflüger und Christian Wulff.

6 Die Suchanfrage »Merkel Moderatorenrolle« ergibt bei Google fast 3 500 Treffer (Zugriffsdatum: 24.01.08).

7 Ausnahmen (wie etwa die Barschel-Affäre) bestätigen auch hier die Regel. Nur selten bricht die Rolle, die eine öffentliche Person verkörpert, unter der Last der Gegenbeweise völlig zusammen.

8 Siehe www.telekwatsch.de/tv-preis.html.

9 »Harald Schmidt von A bis Z« (unter T wie »Traumschiff«); im Netz unter www.wdr.de.

10 Quelle: »Harald Schmidt von A bis Z« (unter W wie »Wein und Weizenbier«), a. a. O.

11 Quellen: »Harald Schmidt von A bis Z«(Stichwort: »Gammelfleisch-Gag«), a. a. O.

12 Im Interview mit der *Netzeitung* unter dem Titel »Harald Schmidt: Zynismus

in der DNA festgelegt!«; Quelle: www.netzeitung.de/feuilleton/39fragen/schmidt/390764.html.

13 Vgl. z.B. H. Joas, »Rollen- und Interaktionstheorien in der Sozialisationsforschung«; in: Klaus Hurrelmann/Dieter Ulich (Hrsg.), *Neues Handbuch der Sozialisationsforschung*. 4. Aufl. Weinheim 1991.

14 Zit. nach Erving Goffman, *Wir alle spielen Theater. Die Selbstdarstellung im Alltag*. München, 5. Aufl. 2007 ([1]1957).

15 So beispielsweise der Unternehmensberater Winfried Berner in einem Beitrag unter dem Titel »Vorgesetztenbeurteilung und 360-Grad-Feedback: Der Fluch der Anonymität«; im Internet unter www.umsetzungsberatung.de.

16 Aus: Rob Goffee/Gareth Jones, »Authentizität: Führen mit Charakter«, *Harvard Business manager* März 2006, S. 58 ff.

17 Quelle: Markus Sievers, »Bloß kein Schmuddelkind. Eltern schaffen eine neue Klassengesellschaft«, in: *Frankfurter Rundschau* vom 28.02.2008.

18 Margit Schönberger, *Mein Chef ist ein Arschloch, Ihrer auch? Von Machtmenschen, Feiglingen und Wichtigtuern*. München 2006; Regina Czarnikau/Monika von Ramin, *Handbuch für Chefhasserinnen*, München 2008, Robert I. Sutton, *Der Arschloch-Faktor. Vom geschickten Umgang mit Aufschneidern, Intriganten und Despoten im Unternehmen*, München 2006 – um nur einige Beispiele zu nennen.

19 Dreitzel platziert in seiner Rollentypologie ausschließlich den »*charismatischen* Führer« unter den Beziehungsrollen. Warum ist nicht recht einsichtig. »Charisma« ist eine diffuse Wirkungskategorie, die bislang nicht befriedigend erklärt (oder gar operationalisiert) werden konnte. Wunderer weist zudem darauf hin, dass maximal 5 bis 10 Prozent der Führungskräften eine charismatische Wirkung zugesprochen wird, die in anderen Führungskontexten oder bei Misserfolg zudem rasch verblasst (vgl. Rolf Wunderer, *Führung und Zusammenarbeit. Eine unternehmerische Führungslehre*. Neuwied/Kriftel, 3. Aufl. 2000, S. 60 ff.).

20 So treffend in einem Fortbildungsprogramm für Führungskräfte (»Young Leaders«), vgl. www.neuwaldegg.at.

21 Quelle: LAB Managerpanel, zit. nach *Wirtschaftswoche* Nr. 49 vom 03.12.2007. Von 265 befragten Managern der 1. bis 3. Führungsebene sagen zum Statement »Ich beobachte unmoralische Handlungen in meinem beruflichen Umfeld« 11,2 Prozent »sehr oft«, 36 Prozent »oft«, 37 Prozent »selten«, 14,5 Prozent »sehr selten« und 1,3 Prozent »nie«.

Literaturverzeichnis

Bauer-Jelinek, Christine: *Die geheimen Spielregeln der Macht.* Salzburg 2007.

Bickmann, Roland: *Chance: Identität. Impulse für das Management von Komplexität.* Berlin 1999.

Biehl, Brigitte: *Business is Showbusiness.* Frankfurt am Main 2007.

Bono, Edward de: *Six Thinking Hats.* London 1990.

Bright, D./Parkin, B.: *Human Resource Management – Concepts and Practices.* Hougthon-le-Spring 1997.

Brodmerkel, Sven: »Authentisch Führen: Wann sind Manager echt?«, in: *manager-Seminare* Heft 109, 2007.

Buhr, Andreas: »Führungsexcellence: Manager oder Leader – authentische Autorität macht den Unterschied«. Quelle: www.trainer-der-neuen-generation.de.

Burisch, Matthias: *Das Burnout-Syndrom. Theorie der inneren Erschöpfung.* Berlin 2005.

Castiglione, Baldassare: *Der Hofmann: Lebensart in der Renaissance.* Berlin 1999.

Conniff, Richard: *Was für ein Affentheater. Wie tierische Verhaltensmuster unseren Büroalltag bestimmen.* Frankfurt am Main 2006.

Csikszentmihàlyi, Mihàly: *Kreativität – wie Sie das Unmögliche schaffen und Ihre Grenzen überwinden.* Stuttgart 1997.

Dahrendorf, Ralf: *Homo Sociologicus. Ein Versuch zur Geschichte, Bedeutung und Kritik der Kategorie der sozialen Rolle.* 16. Aufl., Wiesbaden 2006.

Daiber, Nathalie/Skuppin, Richard: *Die Merkel-Strategie. Deutschlands erste Kanzlerin und ihr Weg zur Macht.* München 2006.

Dammann, Gerhard: *Narzissten, Egomanen, Psychopathen in der Führungsetage. Fallbeispiele und Lösungswege für ein wirksames Management.* Bern/Stuttgart/Wien 2007.

Deal, Terrence E./Kennedy, Allan A.: *Corporate Cultures.* Jackson 2000.

Demmer, Christine: »Was ist eigentlich eine ›360-Grad-Beurteilung‹? Nichtssagend und feige«, in: *Süddeutsche Zeitung* vom 26.07.2002.

Dreitzel, Hans Peter: *Die gesellschaftlichen Leiden und das Leiden an der Gesell-schaft.* 3. Aufl., Stuttgart 1980.

Drummond, Helga: *Machtspiele für kleine Teufel. Mit List und Tücke an die Spitze.* Landsberg/Lech 1993.

Duden. Das Herkunftswörterbuch. Mannheim 1963.

Emrich, Martin: *Schauspielerei oder Authentizität? Der Einfluss des Self-Monitoring auf das Verhalten der Teilnehmer im Assessment.* Lengerich 2004.

Euster, Jörg: »Human Touch im CRM«, in: *HandelsZeitung* vom 10.07.2003.

Fedrigotti, Antony: *Zum Erfolg geboren.* Augsburg 2003.

Fichtner, Ulrich/Simons, Stefan: »Die Staatsaffäre«, in: *Der Spiegel* Nr. 4, 2008.

Finger, Evelyn: »Der Ossi als Wessi. Wie und warum Angela Merkel im Wahl-kampf ihre Herkunft verleugnet«, in: *Die Zeit* Nr. 35, 25.08.2005.

Fischer, Peter: »Müssen Manager authentisch sein?«, in: *Frankfurter Allgemeine Zeitung* vom 02.02.2007.

Flemming, Beate: »Wendelin Wiedeking. Von Katern und Mäusen«, in: *stern* vom 22.01.2003.

Froitzheim, Ulf J.: »His Steveness«, in: *Capital* 23/2007.

Fuchs, Helmut/Huber, Andreas: *Die 16 Lebensmotive. Was uns wirklich antreibt.* 3. Aufl., München 2005.

Funcke, Amelie/Havermann-Feye, Maria: *Training mit Theater. Von der Ein-zelszene bis zum Unternehmenstheater: Wie Sie Theaterelemente erfolgreich ins Training bringen.* Bonn 2004.

Giesecke, Michael: »Rollentheorie«, in: Astrid Schreyögg: *Supervision. Ein inte-gratives Modell.* Paderborn 1971.

Goffee, Rob/Jones, Gareth: »Authentizität: Führen mit Charakter«, in: *Harvard Business manager,* März 2006.

Goffee, Robert/Jones, Gareth: *Why Should Anyone Be Led by You? What It Takes To Be An Authentic Leader.* Macgraw-Hill 2006.

Goffman, Erving: *Wir alle spielen Theater. Die Selbstdarstellung im Alltag.* 5. Aufl., München 2007.

Greene, Robert: *Power. Die 48 Gesetze der Macht.* München 1999.

Hartmann, Michael: *Der Mythos von den Leistungseliten.* Frankfurt am Main 2002.

Hartmann, Michael: *Eliten und Macht in Europa. Ein internationaler Vergleich,* Frankfurt am Main 2007.

Herrmann, Theo: *Lehrbuch der empirischen Persönlichkeitsforschung.* 6. Aufl., Göttingen 1999.

Hersey, Paul/Blanchard, Kenneth H.: *Management of Organizational Behavior. Utilizing Human Resources.* Englewood Cliffs 1987.

Hesse, Jürgen/Schrader, Hans Christian: *Assessment-Center. Das härteste Perso-nalauswahlverfahren bestehen.* 4. Aufl., Frankfurt am Main 2005.

Huss, Nicole/Visser, Corinna: »Wer ist Klaus Kleinfeld?« Quelle: www.tagesspiegel.de (»Fragen des Tages« vom 02.04.2007)

Inacker, Michael/Schnaas, Dieter: »Die Geheimnisse von Merkels Macht«, in: *Wirtschaftswoche* Nr. 21, 2007.

Jardine, Anja: »Wer sind wir?«, in: *brand eins* Nr. 6, 2004.

Joas, H.: »Rollen- und Interaktionstheorien in der Sozialisationsforschung«, in: Klaus Hurrelmann/Dieter Ulich (Hrsg.): *Neues Handbuch der Sozialisationsforschung*. 4. Aufl., Weinheim 1991.

Jumpertz, Sylvia: »Zwischen Anspruch und Akzeptanz. Kompetenzmanagement einführen«, in: *managerSeminare* Heft 109, April 2007.

Kellner, Hedwig: *Die Teamlüge. Von der Kunst, den eigenen Weg zu gehen*. Frankfurt am Main 2002.

Kellner, Hedwig: *Karrieresprung durch Selbstcoaching*. Frankfurt am Main 2001.

Knigge, Moritz Freiherr/Cornelsen, Claudia: *Zeichen der Macht. Die geheime Sprache der Statussymbole*. 2. Aufl., Berlin 2006.

Köppel, Roger: »Frau Merkels Gespür für die Macht«, in: *Weltwoche* Nr. 25, 2007.

Kremer, Alfred J./Kinshofer, Christa: *Fit for Success*, Landsberg/Lech 2001.

Lamparter, Dietmar H.: »Der Ketzer. Porsche-Chef Wendelin Wiedeking hat den Sportwagenbauer saniert – und provoziert die Großen seiner Branche«, in: *Die Zeit* Nr. 10, 2000.

Langguth, Gerd: *Angela Merkel. Aufstieg zur Macht*. München 2007.

Linton, Ralph: *The Study of Man*, 1936.

Löhner, Michael: *Führung neu denken. Das Drei-Stufen-Konzept für erfolgreiche Manager und Unternehmen*. Frankfurt am Main 2005.

Malik, Fredmund: *Führen, leisten, leben. Wirksames Management für eine neue Zeit*. München 2001.

Maslow, Abraham H.: *Motivation und Persönlichkeit*. 10. Aufl., Reinbek bei Hamburg 2005.

Mead, George H.: *Geist, Identität und Gesellschaft*. Frankfurt am Main 1978.

Meyer, Claudia: *Lob der Lüge – warum wir ohne sie nicht leben können*. Berlin 2007.

Mintzberg, Henry: *The Nature of Managerial Work*. New York 1973.

Mohler, Peter Ph./Wohn, Kathrin: »Persönliche Wertorientierungen im European Social Survey«. ZUMA-Arbeitsbericht Nr. 2005/01.

Moreno, Jakob L.: Siehe www.psychodrama-deutschland.de > Zum Verfahren PSYCHODRAMA.

Müller, André: »Auch Sie ertragen die Freiheit nicht«, in: *Weltwoche* Nr. 28, 2005.

Neukirch, Ralf/Pfister, René: »Union: Neid und bräsiger Trotz«, in: *Der Spiegel* Nr. 46, 2007.

Nienhaus, Lisa/Herget, Stefani: »Schönheit macht reicht. Aber leider nicht glücklich«, in: *Frankfurter Allgemeine Sonntagszeitung* Nr. 2, 13.01.2008.

Niermeyer Rainer/Postall, Nadia: *Führen. Die erfolgreichsten Instrumente und Techniken.* Freiburg 2003.

Osang, Alexander: »Der Machtflüsterer«, in: *Der Spiegel* vom 03.05.2004.

Pfadenhauer, Michaela: *Professionalität. Eine wissenssoziologische Rekonstruktion institutionalisierter Kompetenzdarstellungskompetenz,* Opladen 2003.

Pfeil, Eric: »Bruce Springsteen in Köln: Größer als Hollywood«, in: *Spiegel online,* 14.12.2007.

Reinwarth, Peter: *Wer ist Harald Schmidt?* Köln 2006.

Rössler, Beate: *Der Wert des Privaten.* Frankfurt am Main 2001.

Rückert, Sabine: »Die Macht und das Mädchen«, in: *Die Zeit* Nr. 6, 2000.

Saaman, Wolfgang: »Leitbilder in Dax-Unternehmen«, in: *Frankfurter Allgemeine Zeitung* vom 04.12.2006.

Schein, Edgar H.: *Organisationskultur.* Bergisch Gladbach 2003.

Schein, Edgar H.: *Organizational Culture and Leadership. A Dynamic View.* San Francisco 1985.

Schlesiger, Christian:»Du bist, wo du sitzt«, in: *Wirtschaftswoche* Nr. 37, 2007.

Schmid, Bernd: »Vom Tellerwäscher zum Millionär – ein Mythos?«, in: *perspektive: blau – wirtschaftsmagazin* (Quelle: www.perspektive-blau.de).

Scholz, Sylka: *Kann die das? Angela Merkels Kampf um die Macht.* Berlin 2007.

Schulz von Thun, Friedemann: *Miteinander reden.* 14. Aufl., Reinbek bei Hamburg 1998.

Schumacher, Hajo: *Die zwölf Gesetze der Macht. Angela Merkels Erfolgsgeheimnisse.* München 2006.

Seiwert, Lothar: *Das neue 1 x 1 des Zeitmanagement.* München 2002.

Simon, Hermann: *Hidden Champions des 21. Jahrhunderts.* Frankfurt am Main 2007.

Suter, Martin: *Huber spannt aus und andere Geschichten aus der Business Class.* Zürich 2005.

Wachtel, Sabina: »Dresscode & Style«, in: Repräsentanz Expert (Hg.), *Corporate Speaking. Auftritte des Spitzenmanagements.* Bonn u. a. 2004.

Wachtel, Stefan: »Authentisch? Nein danke!«, in: *Handelsblatt* vom 10.02.2006 (Kolumne: »Die fünf Weisen«).

Wachtel, Stefan: *Rhetorik und Public Relations.* München 2003.

Weidner, Jens: *Die Peperoni-Strategie. So setzen Sie Ihre natürliche Aggression konstruktiv ein.* Frankfurt am Main 2005.

Welch, Jack: »Erfolg durch Authentizität«, in: *Wirtschaftswoche* vom 21.05.2007.

Wiedeking, Wendelin et al.: *Das Davidprinzip. Macht und Ohnmacht der Kleinen.* Frankfurt am Main 2002.

Wiedeking, Wendelin: *Anders ist besser. Ein Versuch über neue Wege in Wirtschaft und Politik.* München 2006.

Wunderer, Rolf: *Führung und Zusammenarbeit.* Neuwied 2000.

Register